ョートリアル！
伝的
チュートリアル

福田　はーいっ！　ついに始まりましたっ！

徳井　はいっ！

福田　僕がですねっ　チュートリアルのツッコミ担当っ、福田ですっ！

徳井　僕がチュートリアルのボケ担当の徳井ですっ！　お願いします。

福田　**ついに始まりましたねっ、我々地元の京都で！　ラジオを始めることができました！**

徳井　**僕ら2人とも京都出身で！**

福田　**そうなんですよ！**

僕ら左京区の人間なんでね！

徳井　**地元のKBSで**

レギュラー持たせてもらうのはっ

夢のような話で！

福田　そして初冠番組！

徳井　そうなんですよ！

福田　「チュートリアルの」って付くか付かへんかでコレ大きく違ってくる！　新聞の見出しがね！

徳井　新聞の番組欄に自分らの名前が出るの僕ら、初ですからね！

福田　幸せなことじゃないですか！

⇨「フリーウェーブ金曜日
チュートリアルの金曜ナマチュー」第1回
（2001年10月5日 放送）

徳井　もう「キョートリアル！」やから言うけど。
いつかはゴールデンで俺らがメイン司会の番組。
そこに向かってやってきたつもりやけど。
僕ら2人の感じでは、もしかしたら
そこには行き着かへんのちゃうか。
とも、考えてる。何年か前から。

福田　なるほどね。もちろん、それはあるけども
そこは俺、見ないようにしてるの。
そういう行き着かないかもしれない将来を考えてしまうと
やっぱり俺、特にネガティブな生き物やから
「あぁ、そうなんやろうなぁ」って思って
もう無理やわ。
俺はね、毎日毎日ちょっとでも
自分に変化があったら
それを見て成長やと思わんと
何も得るものがないというか。

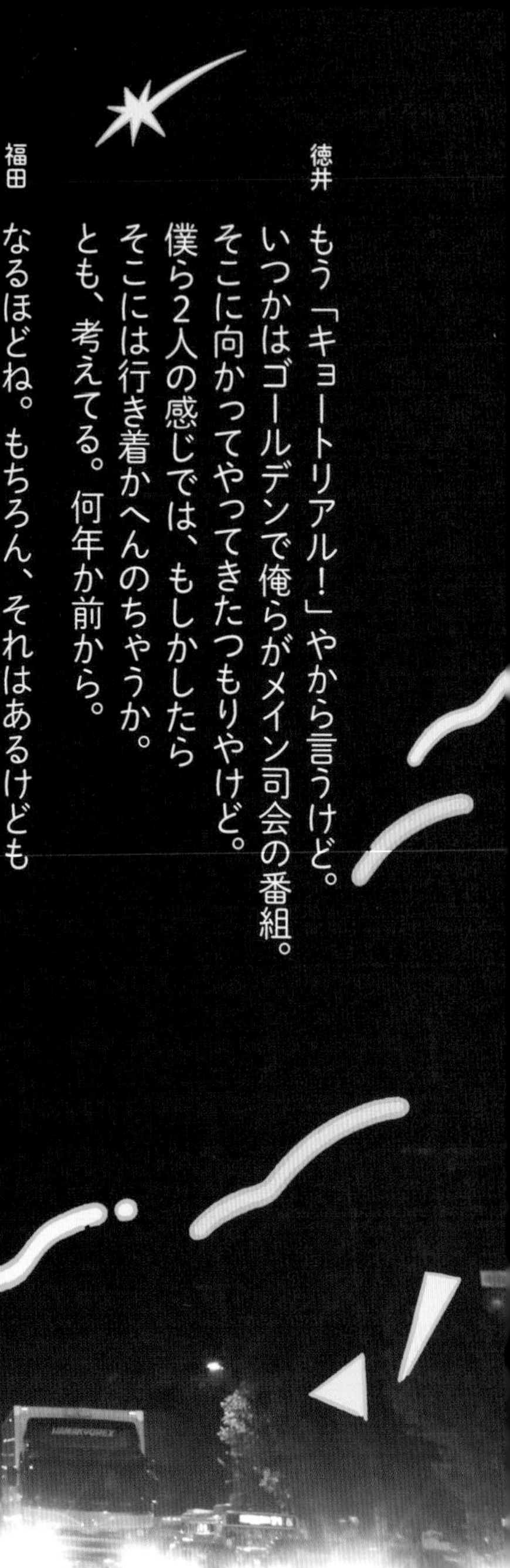

徳井　ネガティブな話がしたいワケじゃないで？
それ以外に、もっと自分のしたい
仕事の感じがあるんちゃうか
という話。

⇨番組史上最大の
ガチンコトークテーマは「将来の夢」。
（2006年6月24日 放送）

徳井　東京から大阪に帰る新幹線でね
ケータイ見てたら、お祝いのメールがいっぱい来てて。
こんなに人が優勝したことを喜んでくれるのかと思って。

M－1を優勝したこと以上に、ちょっとその「よかったね」と思ってくれてる人がいっぱいいるということに僕うれしくなってしまって号泣ですよ。

福田　この方、茨木市の16歳、「まゆりん」さん。
「M－1優勝、おめでとうございます！
小学校6年生からファンだったので
とてもうれしくて、泣きそうです！」。
このメール見て、こっちが泣きそうになる。

⇨「M－1グランプリ2006」の、結果。
（2007年1月6日 放送）

不動尊
狸谷山
願主

GRILL
TAKARA
徳井　京都のおばちゃんはすぐ「いやん」って言うからな。
福田　うちのオカンも「いやん！　いやん！」って。
徳井　うちのオカンもよう言いよるわ。「いやん！」（笑）
福田　京都の地元帰ってきた、って感じがするなぁ。

徳井　祇園花月は京都のど真ん中やけど、ＫＢＳ京都は、もうちょっと北上しますから。北上すると、僕らの地元になってくるんでだいぶ「地元に帰ってきた感」がありますね。相変わらずこの辺、落ち着いてて良いですね。御所があって、人通りが激しいワケでもなく。

福田　ＫＢＳの辺りは、慣れ親しんだ日常やな。ただ、えげつない寒さやな。

徳井　寒い。寒い寒い。

⇨京都御所西・ＫＢＳ京都の局内にて。謎のおばちゃんと徳井のやりとり。
（２０１７年３月18日　放送）

徳井　**20代の頃は**
劇場で必死にネタ作って
それさえやっときゃええくらいの
感覚でやってて。
で、**30代になって**
まあまあ
東京のテレビとかに
出させてもろうて。
社交的にして、友達増やすとか
せなあかんなーって思いながら
スタッフさんに頼ることも
あえてしていって。
自分で全部やろうとせん方がええな
と思いながらやってきてんけど。
40後半になってきて、もう逆に
もう閉ざしていったろかな、と。

福田　**うん。**
その瞬間瞬間に思った方向に
動いていっていいと思う。

昔はさ、10年後の自分のプランを
立てるとか考えたけど、もうさ
こんなに世の中が激変してたらさ
プランもへったくれも
ないかなというか。

⇨徳井と福田、47歳の春。
（2022年3月19日 放送）

CONTENTS

キョートリアル！ 自伝的チュートリアル

『キョートリアル！
コンニチ的チュートリアル』
（KBS京都ラジオ）
トークヒストリー
2002-2022

＼番組HPより／

Blog Back Number

P69,103,125,143,183,195,209

CONTENTS

check!

「キョートリアル!」
専用の留守番電話。

この番組はいつも留守番電話のメッセージ再生から始まります（2002年は留守番電話を当たり前に利用していた時代）。毎回、二人は実際に電話をかけてメッセージを吹き込んでいました。今も現役活躍中。スタジオの一角の引き出しの中にあります。「他、誰も使ってません」（KBSの人）

お二人さん、こんばんは。

AM1143kHz

第1回放送、オープニングトーク。

（2002年4月4日放送）

京都の若者・チュートリアル。結成4年・26歳。
徳井は京都から大阪に出て、一人暮らし中。
福田は京都市左京区で、実家住まい中。
「M－1グランプリ」での優勝も、東京進出も、まだ先のお話。

留守番電話・応答メッセージ音声

《「キョートリアル！」留守番メッセージサービスです。メッセージをどうぞ》

福田　今、大阪で仕事の打ち合わせが終わりまして、京都に帰るための始発を待つためめに、漫画喫茶にいます。いろんな漫画が読めて、本当に楽しいですねぇ。

《水曜日、午前4時48分です》

徳井　もしもし徳井です。今、梅田駅の構内のカレー屋さんでカレーを食べてるんですが、後ろのお客さんがおっさん2人なんですけれども。月亭八方師匠の悪口をものすごく言うてます。「八方は阪神ファンじゃない」とか言うてます。でも八方師匠はちゃんとした阪神ファンです。

《水曜日、午後7時6分です》

福田　こんばんは！　今週から始まりました新番組「キョートリアル！」。僕がチューートリアルの福田でーす！
徳井　皆さんこんにちは、チュートリアルの徳井義実です。
福田　先週まで僕達、金曜の夜にね、「チュートリアルの金曜ナマチュー」という番組をやらせていただいてたんですけども。僕達の自己紹介を簡単にしますと、京都出身の二人組の若手芸人でして、現在26歳で。
徳井　天下の吉本興業にね、所属しておりまして。
福田　そんな二人がお送りするこの番組、「キョートリアル！」なんですけども、この番組は、サブタイトルが「コンニチ的チュートリアル」と言いまして。現代社会を僕達チュートリアルが、いろいろな角度から切り取っていこうという、新しいスタイルの番組なんです。
徳井　大層な感じですね。
福田　そうなんですよ。『京都』から、今日を『リアル』に伝えようということで、

「キョートリアル！」というタイトルなんですね。

徳井　よくできたタイトルでね。

福田　で、番組の冒頭が、留守番電話だったじゃないですか。

徳井　はい、そうですね。

福田　アレね、聴いてる人はビックリしたと思うんですけど、まずは僕達のリアルな日常を、皆さんに知ってもらおうということで、毎週「キョートリアル！　特別留守番電話」に、僕達が日常で起こったことを録音して、それを聴いてもらおうということなんです。

徳井　僕らが実際に電話をかけて、普通に声を吹きこんでるんでね、アレ。

福田　ちゃんとKBS京都に、僕達専用の留守番電話があるんですよ。ちゃんと作っていただいて。

徳井　お前の留守電。今日の、なんやったっけ？

福田　明け方の4時48分に、打ち合わせが終わって、大阪の難波で始発を待つために、漫画喫茶に入って、時間を潰しとったワケですよ。

徳井　お前、漫画喫茶好きやな、4時でも入るか？

福田　うん、ものすごいリアルな現実やで（笑）。

徳井　リアルやなぁ。ホテルに泊まる金も、ないワケや？
福田　うん、夢がないよなぁ（笑）。

京都のお花見について。

（2002年4月4日放送）

［徳井が自分で調べてきた情報を発表するコーナー。］

徳井　「徳井リサーチ」。このコーナーでは、現代社会の注目すべき現象を、わたくし徳井が、鋭くリサーチします。
福田　ちゃんと調べてきてくれたんや？
徳井　そうですよ、このコーナー聴いてると、知識が豊富になりますよ。第1回のテーマは「お花見」です。春と言えばお花見。特に京都には、嵐山や円山公園、宝ケ池、鞍馬や新京極、哲学の道など、たくさんのお花見スポットがあり、毎年多くのお花見客で賑わっています。平安神宮では、例年4月だけでも、22万人もの人手がある、日本の春の名物行事です。

福田　僕も花見行ってますよ。僕は円山公園の、大きい桜の木あるじゃないですか。あの桜を毎年見に行ってます。京都に住んでいる者として、あの桜を見ないと、春が来たとは言えへんなと。

祇園祭について。

（2002年7月11日放送）

［京都の地元の若者の祇園祭の楽しみ方。］

福田　「週刊リアル情報局」。リスナーの皆さんから、身の回りの不思議なことや気になることを送ってもらい、僕らなりに、その理由を推測していこうというコーナーです。北区の「りこ」さん。

「徳井さん、福田さん、こんばんは。毎週楽しく聴いていています。私はだいぶ前から、祇園祭についてのジンクスが気になっています。それは、『祇園祭デートをするカップルは、別れる』というものです」

徳井　ただのジンクスですよ。
福田　祇園祭、徳井は何を楽しむ？「鉾」を見るの？
徳井　鉾も見るな。
福田　鉾を見ようにも、祇園祭は人が多くて、イライラすんねんなぁ。ジンクス、当たってるかもよ。いや俺も祇園祭って、ほんといい思い出がなくて……。デートで行くと、たいがい女子と喧嘩になる。女子は浴衣で、下駄を履いてるから、「足痛い」ってうるさくて。「もう歩くんイヤや」と。「まだ歩くん？　まだ歩くん？」と。俺は祇園祭なんか突っ立ってたって、面白くないから、歩くやんか。屋台とか見て。
徳井　祇園祭は動こうと思ったらあかんよ。
福田　でも「長刀鉾」の周りとか、人だかりができて、「止まらないでください」って係の人に言われるやん。
徳井　鉾の拝観時間があるやん。アレ行ったらいいねん。
福田　そんなんあるん？
徳井　俺行ったもん、去年。もっと祇園祭に、入り込んでいかんと。
福田　なるほどなぁ。

大人の街、京都・木屋町
徳井と福田のバー初体験。

（2003年2月6日放送）

［初体験というか、なんというか、というお話。］

徳井　大阪府茨木市「刺身の下の大根」さんからのメールです。
「お二人さん、こんばんは。子供の頃、親友グループでチーム名をつけてたんです。私が入ってたのは『ユニクロース』でした。当時流行っていたユニクロのフリースをみんなで着ていたんです」

福田　でもこの気持ちわかるな。僕達も……徳井君と僕と、高校の友達の森君と3人で、「ジャケッターズ」っていうチーム組んでたもんな（笑）。

徳井　高校3年の時、みんなでジャケット着て、木屋町をぶらぶら歩くっていうチームね。

福田　うちの高校、京都市内の上の方やから、土日の夜に木屋町まで出るヤツ、他におらんかってんな。

徳井　田舎の高校やったからね。

福田　俺達3人だけで、都会に繰り出そうぜ、と。ジャケッターズ（笑）。

徳井　「木屋町を歩くならジャケットやろ」っていう（笑）。僕、一時期スリーピース着てましたからね。完全にベストまで着て。

福田　木屋町で、周りの人から見たら「なんやこの3人組」と。

徳井　着慣れへんジャケットを着て、カフェとか。

福田　行ったねぇ。

徳井　カフェも怖いから、あんまり入れなかったんですけどね。

福田　そうそうそう、ジャケットを着た3人組が、結局、鴨川の河原に座っているっていう（笑）。

徳井　ほんで、「おい、バー見に行くけ？」って。「まじで!?　バー見に行くんけ!?」って、木屋町の雑居ビルの3階の、暗いバーに行ってね。ドアをガチャッて開けたら、中はそりゃバーなんやから、薄暗くて、「うわぁ暗ぁ」って言うて（笑）。「閉めろ！」って言うて、バンとドア閉めて帰ってきましたけどね。バーは大人の象徴みたいに思ってたんでしょうね、あの時は。

福田　ほんまやなぁ（笑）。

左京区・修学院で、実家住まいの福田が徳井のお母さんと遭遇した話。

（2003年9月4日放送）

［幼稚園から幼馴染みの二人。なので、もちろん実家は近所同士。］

徳井　お前、今年の夏、何かした？
福田　今年の福田の夏は、大した思い出はないんやけど？
徳井　夏、どこも行ってないの？
福田　バイクで走りに行ったくらいやな。滋賀県を走り回った。そうや、この前実家でバイクを洗ってたら、お前のおかんに遭遇したわ。
徳井　マジ!?
福田　うん。おかんから聞いてない？
徳井　聞いてないよ（笑）。俺、もう実家住まいちゃうからな。
福田　家の前でバイク洗ってた時に、サングラスしたお前のおかんが「福田く―ん！」

って、ものすごい遠い所から呼んできて、「義実を注意してほしい」と。「最近全然実家に帰ってきてへんから、実家に帰ってこい」と。で、「実家に預けっぱなしの猫の面倒を見ろ」と。そして「滑舌の悪さを直せ」と、この3つを言うて、お前のおかんは去っていった。

徳井　（笑）。

郊外に住む京都人が京都市内に出かける時に考えていること。

（2003年9月4日放送）

［有名なお寺や神社の前の道には観光客と交錯する地元民がいる。］

徳井　京都府宇治市の「クリ男とクリ治」さん。
「郊外に住む京都人が、京都市内に出かける時の頭の中は、『観光客がいっぱいで、イヤだ』が55％、『観光客に見られたくない』が30％、『おばちゃんの観光団体が面倒臭い』が15％だと思います」

福田　なるほどね。確かに観光シーズンは観光客多いからね。

徳井　僕ら生粋の京都人としては、他の地域から京都に観光に来てくれるのは、誇らしいことやん？

福田　そりゃ当然。

徳井　けども春とか秋とか。もう観光客多すぎて、どないもならん時あるやろ。

福田　金閣寺、銀閣寺、嵐山辺りの人の多さな。

徳井　タクシーのおっちゃんも、よう言うてるわ。「観光の時期は渋滞で、仕事にならへん」って。

福田　ゴールデンウィークとかな。まぁ嬉しいのは嬉しいんやろうけどな。

徳井　せやねん。嬉しいくせに、「ほんま勘弁してほしいわ」っていうのが、京都人の「イキってる」（格好をつけている）性格を表してる。

福田　京都は観光シーズンの時、市バスも渋滞に巻き込まれて大変やな。京都市民はみんな、バスによく乗るから。

徳井　大阪におったら、バスに乗らへんよな。

福田　この仕事始めて、大阪に行くようになって、初めて気づいたわ。京都民はめっちゃバスに乗る。京都は1つのバス停に、いろんな路線に行くバスが来て。

徳井　北5、めちゃめちゃ乗ったよな。

福田　北5は俺らの地元方面の路線バスな（笑）。

徳井　北5番来るから！　早よバス停に急げ、って。

福田　それくらい、生活に根づいてたワケですよ。JR京都駅まで、ようバスで行ったもんなぁ。うちの地元の修学院から京都駅まで、バスやと1時間かかんねん。今、地下鉄やったら30分くらいですからね。

徳井と福田がお笑い芸人になった理由。

（2003年9月11日放送）

「キョートリアル！」はリスナーさんからの人生相談が多い番組です。

徳井　「左偏りもっこり」さんからのＦＡＸです。
「チュートリアルのお二人、こんばんは。僕は高3なんですが、将来のことで悩んでいます。そこで質問です。お二人はどうして芸人になろうと思ったんですか？」

福田　ほぉ。

徳井　お前は何で、芸人になろうと思ったん？

福田　何でかな。お笑いは好きやったけど。

徳井　お前、人前に出て何かするって、好きじゃなかったやんか。

福田　小中高を通して、何もしてなかったですからね。

徳井　せやろ？

福田　徳井みたいに、高校の文化祭で漫才をやったワケじゃないし。まぁ、やりたかったけど、恥ずかしがり屋やったんでね、やる勇気がなかったというか。
徳井　今思ったら、お前よう俺に「コンビ組もう」って、言うてきたな。
福田　せやねん。「チュートリアル」というコンビを組んだ経緯は、徳井君がＮＳＣ（吉本総合芸能学院）というお笑いの専門学校に行ってて。僕は行ってなくて。行ってる話を徳井君から聞いてて、「あぁやってみたいな」って思っててん。ほんで、徳井君が組んでた相方が芸人を辞めて。だから僕から徳井君に、「コンビ組もう」って言うたんです。
徳井　うん。人って、いろんな目指す道があるワケやんか？　その中で、お前はお笑いが一番自信あったの？
福田　いや、俺はそうじゃない。ぶっちゃけ、お前がいたからやで。
徳井　やめてくれ、えぇセリフ吐くの（笑）。
福田　いやほんとに。俺単体で芸人になろうとか、ＮＳＣに行こうという気は、一切なかったし、徳井がいたから、徳井君と組みたいって思った。徳井君と漫才やりたいって思っててん。
徳井　いや、それはな、俺もお前と組みたいって思ってててん。

福田　どんなコンビやねんお互い。気持ち悪い。ラジオで（笑）。

徳井　いや言わして言わして、ほんまにお前と組みたいって思ったんや。言わしてこれだけは。

福田　聞いてる聞いてる。

徳井　ほんでね。コンビ組んだ経緯はそんな感じなんやけど、その後テレビとか、ラジオとか、いろんな仕事をさせてもらえるようになって。初心を忘れてたつもりはないんやけど、コンビ組んだ頃の、純粋な気持ちを思い出させてくれた日があってね。

福田　ほうほう。

徳井　この間、子供4人と番組のロケをしてて、大阪市内から枚方まで、1時間くらいロケバスで移動する時間があったじゃないですか。

福田　はい。

徳井　ロケバスの中で、子供4人と、僕と福田君が、向かい合わせにワンボックスカーで座ってたやんか。その時にね、子供が「お兄ちゃん漫才して」って、言うてきたやんか。

福田　言うてきたな。

徳井　俺、最初は「恥ずかしいからイヤや」って言うたんやけど、子供が、せがんできたやんか。

福田　「漫才して漫才して」って、ずーっと言うてきたもんな。

徳井　ほんで仕方なく、ワンボックスの中で、子供4人のためだけに漫才やったやんか。その時にね、子供がすごい、よう笑ってくれて。

福田　キャッキャしてたもんな。

徳井　ものすごい笑ってくれて。ネタが終わってからも「もう1回して、もう1回して」って言うたやんか。「同じの、もう1回して」って。

福田　「いやもう1回やっても、ウケへんで」って、言うたのにね。

徳井　ものすごい喜ぶ子供見てね、その時に僕、お前とコンビ組んだ時の、「人を楽しませる芸人になりたい」って思った、初心を思い出したというかね。なんかお客さんって、ありがたいなって、思ったんですよ。

福田　なるほどね。

京都左京区のラブホテル・ベルシャトウ北白川
徳井の初体験？ の思い出。

（2003年10月2日放送）

［ 番組でたびたび話題になるのが、京都のラブホテル事情 ］

福田　滋賀県のラジオネーム「徳井っ子」さん。

「お二人に質問します。お二人はラブホテルに行ったこと、ありますか？ 私は高校1年生で、まだ行くような年頃ではないので行ったことがありません。ラブホテルってどんなところなのか、福田さん徳井さん教えてください」

徳井　ラブホテルねぇ。お前初めてラブホテル行ったのは、いつなんですか？

福田　僕は16の時です。

徳井　あ、一緒やわ。

福田　めっちゃドキドキせんかった？

徳井　めっちゃドキドキしたなぁ。

福田　まぁ初体験、ラブホテルやったんですけど、今にして思うと恥ずかしいんやけど、ラブホテルの駐車場に、2人で自転車で入っていってん。

徳井　わっ（笑）！　2人で？

福田　うん、そこに停めて、ホテルの中に入ってってん。

徳井　へぇ〜！

福田　駐車場の、従業員の人が停めてるような、バイクの駐輪スペースに、2人でチャリンコ停めててん。

徳井　それやったら、もうホテルの前に停めたらええやん（笑）。前に停めて、普通に歩いて入ったらええやん。

福田　よう考えたら、近所の公園とかに停めたらよかったな。

徳井　へぇ〜。ちなみにどこのホテル？

福田　ベルシャトウ北白川（現在はもう存在しない。後のページで、このホテルの特集回があります）。

徳井　一緒や俺も！

福田　まあ僕達、修学院の地元の人間は、みんなベルシャトウ北白川が最初ですよね。

徳井　ベルシャトウやな。でも僕、初めてラブホテル入った時は何もしてへんのよ。

福田　え？

徳井　ホテルの部屋、入ったけど。

福田　それは、「勃たなかった」んでしょ？　初体験にありがちな。

徳井　違う違う。

福田　違うって？

徳井　挑発されてん。

福田　誰に？

徳井　いや俺、その当時付き合ってる女の子おってんけど、「彼女にプレゼントを買いたいねんけど、何買ったらいいかわからへんねん」みたいなことを、他の女の友達に言うてたんや。ほんなら「あたし一緒に、選んであげるわ」って。ほんで、その女の友達と新京極の商店街に行って、アクセサリーを選んだんよ。

福田　うん。

徳井　んで買って、「帰ろうか」って言うて、京阪の三条の駅で切符買ってたら、その女の友達が、「徳井、ラブホテル行ったことある？」って、言うてきてやな。

福田　あ（笑）。うんうん。

徳井　「いや、ないよ」って俺は言うて。「あー、そうなんや、行きたいとか思わへんの？」って言うてきて。「いや別に、そんなに、まぁ行きたいって言えば、行きたいのかなぁ」って俺が言うたら、「行きたいけど、根性がないから行かれへんのや？」って、その女が言いよるねん。

福田　ほう。

徳井　「根性がない」とか言われると、俺もちょっとカチンとくるやんけ。

福田　男真っ盛りの時やからね。

徳井　せやろ？「別に行けるわ！」って言うて。

福田　そのやり取り、めっちゃカッコ悪いけどな（笑）。

徳井　「別に行こうと思ったら行けるけど」って俺が言うと、「ほなあたしを連れてってみいさぁ」って言われて。

福田　えぇ⁉

徳井　すごいやろ？

福田　どんな展開やねん。Ｈマンガみたいやんか。

徳井　せやろ？　んで、「別に、連れて行くことはできるけど？」って言うて。

福田　なんでお前は、そんなにイキる必要があるねん（笑）。

徳井　ほんで行ってん。

福田　おぉ、そうなんや！

徳井　だからお互い、ほんま友達というか。

福田　え、行っただけ？　けどそれは女の子からしたら、実はお前のことが好きやった、ってことやろ？

徳井　うーん、わからへんねんけど、お互い意地の張り合いみたいな感じで。

福田　何の意地やねん（笑）。

徳井　「本当に入るんけ？」って、ベルシャトウの前で言うたら、「ここまで来たやんか」って、その女子に言われて。俺は「別にええけど」って言うて、部屋に入って。で、ちょっと何かしようと思ったんやけど。

福田　思ったんかいな。彼女のプレゼント買いに行って、何してんのやお前。

徳井　いや、ここからの話を聞いてくれ。ちょっと何かしようと思ったんやけど、キスをしようとした時に、パッと付き合ってる彼女の顔がよぎって、「これはいかん」と思って、やめたんや。

福田　えらい！

徳井　んで「もう出よ」って言うて、ホテルを出たんです。ほんならね、学校に行ってみると、噂が回ってて「徳井が○○さんをホテルに、無理やり連れ込んで」って。噂、あったやろ？

福田　ああ！　思い出した！
徳井　あったやろ？
福田　そうや！
徳井　噂……。「徳井が無理やり連れ込んで、何かしようって時に、パッとスカートをめくり上げたら、その子がブルマを穿いてて『何お前ブルマ穿いてんねん、気持ち悪い。俺帰る』って言うて帰った」と。
福田　そうや、噂なってたわ。高校の時。
徳井　せやろ？「女の子を放ったらかして帰った」ってことになっててやな、「ひぃ徳井君ひどい」みたいなことを、女子たちにめっちゃ言われてたん。
福田　そうや、そんな噂たったたな高校の時。「徳井はスカートの下にブルマを穿いてる女は許さんヤツや」っていう噂が、異常にたったわ。
徳井　「アンチブルマやん」って言われてたな。
福田　今にして思うと、何でみんな、そんな話信じるねんっていう。
徳井　ほんまやで。股間は勃たずとも噂はたつんやなっていう。そんな締めでね。
福田　締めれるか（笑）！
徳井　締めたいと思います。

元日放送。京都のお雑煮は白味噌といわれているが……。

（2004年1月1日放送）

［お雑煮は、各ご家庭の先祖のルーツがわかるといわれるほど多種多様。京都の徳井家、福田家もそれぞれお雑煮の内容が違うようです。］

福田　お前の実家のお雑煮、どんなん？
徳井　「すまし」や。
福田　京都やのに？
徳井　うん。
福田　まぁうちも、すましやねん。
徳井　絶対すましの方がうまいやんな。白味噌っていうヤツおるけど、そんなもんあかんやろ、甘ったるい。
福田　いやただな、俺も最近まで白味噌食ったことなかったんやけど、去年の正月、

徳井　おかんが初めて白味噌で作ってん。というのも、うちは親父やおばあちゃんが元々関東の人やから、すましやってん。で、おかんは京都の地の人間やねん。
福田　うん。
徳井　だからおかんからすれば、本当はずっと白味噌やったんやって。けど福田家に嫁いでからというもの、福田家の勢いに負けて、ずっとすましやったと。で、去年、反旗を翻して白味噌にしよってん。結論、うまかったけどな。
福田　嘘やん。
徳井　ほんま。親父は納得してなかったけど、俺は美味しいと思った。おかんが、してやったりみたいな顔してたもん、白味噌の雑煮出した時。
福田　お前が賛同したから？
徳井　賛同したから。「もう好きにしたらええがな」って、俺が言うて。「四角い餅やったのが、丸餅になったんやな。あぁええ感じやわ」って思って。
福田　あぁそう。俺、絶対すましじゃないと嫌やわ。
徳井　中には、何が入ってるの？
福田　うちはまぁ、餅やろ。ほんで水菜とか春菊系。で、鰹節、かまぼこのみ。
徳井　あ、そうなん？

徳井　もうシンプル。いたってシンプル。
福田　こんにゃくとか入ってないの？
徳井　入ってへん入ってへん。
福田　江戸の雑煮やね。江戸っ子の粋な雑煮は、具があんまり入ってないんやって。
徳井　なんで俺んとこ、すましなんやろ。家族関西人やのに。まぁ、うちのばあちゃんは、生まれは熊本なんやけど。
福田　江戸、ぜんぜん関係ないやん（笑）。
徳井　熊本やしなぁ。
福田　熊本とか九州は、アゴ（トビウオ）でダシとるねん。
徳井　あ、そうなん？　やっぱりうちの雑煮は、火の国熊本の流れを汲んどるんか？
福田　あぁ、そうなんかなぁ。雑煮食いたいなぁ。
徳井　雑煮食いたいわぁ。

京都の学校の制服事情。

（2004年3月18日放送）

［京都で一番かわいい制服の学校はどこだ!?
これは2004年当時の京都の懐かしいお話です。］

福田　滋賀県のラジオネーム「ひろ」さん。
「お二人さん、こんばんは。私の中学はすごく田舎の学校で、制服もセーラー服で、あまりかわいくありません。春から進学する高校の制服も地味で、かわいくないんです。お二人はどんな制服がかわいいと思いますか？」

徳井　ここらでね、徳井と福田の理想の制服像というものを、ハッキリさせといた方がいいと思う。

福田　いや別に、もめたことない（笑）。お前は制服すごい好きやん。

徳井　はい。

福田　俺も嫌いじゃないけど、お前ほどの情熱はないよ。

徳井　世の中の男性は、少なからず女子高生の制服が好きなワケやんか。

福田　せやな。

徳井　で、それを突き詰めた場合「制服の理想形って何やねん？」っていうのを、ハッキリさせた方がええんちゃうかなと。

福田　何でそんな真剣なトーンで喋ってんの。まぁかわいいのは、女子高の制服やんな。女子高の制服でいうと、俺は今まであそこやってん、平女（平安女学院中学校・高等学校）やってん。

徳井　あ、はいはいはい。

福田　平女やってんけど、俺はもう平女じゃないねん。京都西高（現在の京都外大西高等学校。そして現在は男女共学）。

徳井　西高の赤チェックのスカートの制服な。あれはかわいい。でもな、あれをかわいいという福田君の意見はわかんねんけど、あれは厳密に言うと、制服という枠を超えてると思うねん。

福田　え、どういうこと？

徳井　スカートの色使い、飛び抜けすぎてんのよ。

福田　あ、なるほど。

徳井　あんだけ色を使うと、制服というより、私服の領域にまでいってるんじゃないかと。で結局、何が理想形かっていうたら、平女やねん。
福田　平女なんや（笑）。俺言うたやんけ平女って。
徳井　平女の制服の、何がすばらしいかというと、白いシャツに紺のスカート。極々シンプルなプリーツスカートといいますかね、上も紺のブレザーや。いたってシンプルな。一番オーソドックスな色使い。ただ、その中でも洗練されてるのは、スカートの丈、ジャケットの丈、紺の微妙な色合い。抜群ですよ！
福田　お前、気持ち悪い（笑）。制服について、どんだけ熱く語るねん。
徳井　抜群ですよ。
福田　あと、着てる子のおかげもあると思うけど。平女かわいい子多いねん。俺らが高校の時から、平女はなんか大人っぽい女の子多かってん。かわいい子が着てるからかわいく見えたのもあるんちゃうかな。
徳井　それもあるけど、やっぱ制服の完成度やな。
福田　かわいいな。
徳井　うん。

京都－大阪間を走る電鉄は3社。あなたはどの電車を使う？

（2004年3月18日放送）

［京都市民だけじゃなく、大阪に住む人も京都に行く時に考えるお話。］

福田　ラジオネーム「しんたろう」さんですね。
「徳井さん福田さんこんばんは。お二人が大阪から京都に行く時使う電車は、阪急電車か京阪電車かＪＲか、どれですか？」

徳井　語りたくなるよな。どれ使うか。京都－大阪間の移動、この3つの電車。お前は今何を使ってんの？

福田　ＪＲ。

徳井　あ、ＪＲが多いんや。お前はてっきり阪急かと思ってたわ。京阪乗る人「おけいはん」、阪急乗る人「福田はん」みたいなイメージあったけどな。

福田　それやったらＣＭ作ってくれよ、その仕事はでかいよ。でも俺はＪＲやな。
徳井　あぁそうなんや。
福田　というのも、やっぱりＪＲは早い。
徳井　せやねん。
福田　ＪＲは早いし、最終の電車が夜遅くまで走ってるねん。大阪で仕事終わって、京都に帰るのに遅くまで走ってるＪＲがええねん。ってことは、京都から大阪への、行きの電車もＪＲになるねん。俺は京都でＪＲでも阪急でも京阪でも、駅までバイクで行くから。バイクを駅周辺の駐輪場に停めて、電車に乗るから。だから行きも帰りもＪＲになるねん。ただな、ＪＲは運賃が高い。
徳井　正直高いなぁ。
福田　高いけど、ＪＲは大阪で環状線にスッと乗り換えできるしさ。あ、でもＪＲは遅延が多いな、人身事故とかへの警戒が強いのか。
徳井　この京都－大阪を結ぶ３つの電車、それぞれにええ所あんねんな。ＪＲの魅力は、なんといっても早さ。阪急、京阪やと、京都－大阪間は小旅行みたいな気分になるワケよ。
福田　むちゃくちゃ早いですよ、ＪＲの新快速。

徳井　ただ、味も素っ気もないねん、乗ってて。やっぱ春、桜咲く時期なんかは、どう考えても京阪やねん。京阪乗ってるとね、ものすごい桜のある所通るから。

福田　通るなぁ、綺麗やなぁ。淀競馬場の辺りとかな。

徳井　墨染の方も綺麗やねん。時間に余裕がある時は、やっぱり京阪やな。京阪乗れる日って、その日１日気分がええねん。

福田　あ、わかる。

徳井　ただ悲しいかな、京阪は京都やと出町柳とか、三条から乗るやんか。京阪の三条から。そして大阪は、なんで淀屋橋に着いちゃうかと。淀屋橋じゃなくて梅田に着いてくれたら、どんなによかったかと。

福田　京阪は独特の停車駅な。

徳井　八幡市っていう（笑）。

福田　六地蔵とか。

徳井　んでもって阪急は、京都と大阪、結んでる駅が都会と都会やからな、河原町と梅田という。俺はまぁ個人的には、京阪が好きやな。

福田　まぁね、僕らの地元からは、京阪が一番アクセスしやすかったですからね。

徳井　けど俺も一番使うのはＪＲやな。やっぱ急がなあかん時があるから。

福田　阪急な、3社の中で群を抜いて乗り心地ええで。
徳井　えっ、マジで？
福田　揺れが少ない。
徳井　あぁ、そう？
福田　うん。あと阪急は高槻とか茨木を通るやん？　すっごいかわいい女子大生を見たりする。
徳井　そういうメリットか……。
福田　「この子めっちゃかわいいやん！」って子が茨木で降りる。ってことは大阪学院かな、とか。
徳井　「お阪急」がおるワケや。
福田　お阪急いるいる！　かわいすぎて衝撃を受けるもん。
徳井　そういう美人ランキングやってもええかもな。京阪代表美人とか。
福田　俺やっぱり、京阪、ＪＲ、阪急で言うたら、阪急が好きやわ。学生が多いっていうのが、雰囲気いいわ。
徳井　なるほどなぁ。

マニアックすぎる「京都人クイズ」。

（2004年3月25日放送）

「京都検定で絶対に出ない問題です。
まさに「キョートリアル！」的クイズ。」

徳井　「京都人クイズ」。このコーナーでは、京都人なら知っている京都のマニアックな情報を、クイズで出します。正解者の中からお一人に、僕が新京極で選んできた京都土産をプレゼントいたします。

福田　基本的にこのクイズわかる人、京都の人間やん？　京都の土産貰って嬉しいの？

徳井　でも逆によ、京都人って京都土産、貰わんやん。

福田　あぁー、まぁな。

徳井　だからその盲点を突いてん。

福田　そういうことか。

徳井　では私、徳井から出題させていただきます。今週のクイズ。

福田 京都は祇園にあります、「祇園会館」というビルの4階に、１９８０年代から90年代にかけてあった、ディスコブームの火付け役となったお店といえば？ 福田君、何でしょう？
徳井 え、答えていいの？ むっちゃ簡単や。「マハラジャ」。
福田 ……ですが、
徳井 なんやねん腹立つわ。
福田 ですが、そのマハラジャの次にできたクラブディスコの名前は、福田君、何でしょうか？
徳井 答えていいの？ 「ＣＫ Ｃａｆｅ」。
福田 ……ですが、
徳井 イラァっとくるわコイツ。
福田 ですが、今はなきそのＣＫ Ｃａｆｅの店長は誰でしょうか？ というのが今週の問題です。
徳井 わかるか！ わかるワケないやんけ（笑）！ お前はＣＫ Ｃａｆｅで働いてたから、知ってるやろうけど。
福田 いやでもね、ＣＫ Ｃａｆｅといえば、京都の夜遊び人たちの間では、有名な店でしたから。

福田　でかい大箱のクラブでしたけど。

徳井　そこの店長さんというのも、やっぱり夜の世界に顔の広い人でしたから知る人ぞ知ります。知ってる人はいます。

福田　難しい問題出してくるな……。マニアックすぎや。

徳井　正解者の中からお一人に、新京極で大ブーム「金のうんこ」を差し上げます！

福田　何それ？

徳井　金のうんこ。新京極のお土産屋さんで、めっちゃ売ってるんですよ。流行ってるんです。これを正解者に差し上げます（本当に当時流行っていた）。

京都で、徳井が死ぬことも考えた頃のお話。

（2004年4月1日放送）

［リスナーの人生相談にはボケることなく答えるのが徳井と福田。］

福田　京都府宇治市の「あやか」さんですね。
「こんばんは、ちょっと聞いてください。最近本当についてないことだらけなんです。失恋したり、バイトの面接落ちたり、兄と大喧嘩して叩かれたり、大事なものをゴミに紛れて捨ててしまったりと、この2週間、イヤなことばかりでした。今まで生きてきた19年間で、今が一番不運なんじゃないかとさえ思います。チュートリアルのお二人が、一番不運だった時期や、どんなことが起こったか、よければ教えてください」

徳井　不運だった時期……。

福田　僕は浪人シーズン1年間。憂鬱やったなぁ。常に「勉強せなあかん」とか、「大学に受かれよ、大学に受かれよ」っていうプレッシャーを親からかけられて。

それがイヤでイヤで、しょうがなかったな。

徳井　まぁ良い時期ではないわな。

福田　あとは失恋かなぁ。失恋期間。

徳井　僕は、NSC（吉本総合芸能学院）を卒業したのに芸人を辞めて。そこからの1年間が辛かった。確実にその1年やわ。

福田　そんなに辛かったん？

徳井　NSCを卒業した時に、当時の相方（瀬戸君。のちにページに登場）が、「もう芸人を辞める」って言うたから、「ほな辞めようか」って言うて、お笑い辞めたワケやん。ほんで俺、当時行ってた大学の授業休んでて。「俺、何もできへんヤツやん」ってなって。お笑いっていう支えがなくなってしまったことで、もう、「死を考えたね。無意味や、生きててもって。

福田　そんなに深刻やったんか。

徳井　どないにもこないにもならんわって思って。

福田　生きてることに意味がないって思ったんや。

徳井　そう。ひどかったな。あの時は。

福田　お前、今お笑いの仕事やれて、よかったね。

徳井　そやねぇ。まぁもっと辛いことあった人、世の中にはいっぱいおるやろうけど。
福田　でも、この仕事やり始めてからの辛さも、相当なもんやろ？
徳井　ごっつ辛いことあったけど、仕事やれてたら、希望があるやろ。
福田　まぁ、そりゃそうや。
徳井　希望があったら、乗り越えられるよ。
福田　お前、今日すごいいいこと言うな。
徳井　だってほんまに、希望がなかったんやもん。20歳から21歳。お笑いを辞めて、また、お笑いを始めるまでの間。ほんまに死んだように暮らしてたからな。夜遊びばっかりして。
福田　そこを拾ってくれたのが、福田君や。
徳井　そうやな（笑）。
福田　「コンビ組もう」って、俺が言うたんやもんな。
徳井　あの木屋町でね、俺が泥酔してゴミ捨て場で眠っている時に、福田君が「こんなところで寝てたら風邪ひくで」って、俺を拾い上げてくれたんやもんな。
福田　眠ってるかアホ（笑）。いやでも、辛いことなんて時が過ぎれば、忘れてますよ。ほんまのこと言うて。

徳井　辛くないとね、人生凸凹してないと、おもろないからね。
福田　そうやで。「あやか」さん、頑張って！

マニアックすぎる「京都人クイズ」の答え。

（2004年4月1日放送）

［京都検定で絶対に出ない問題の答えです。］

福田　「京都人クイズ」、先週徳井君が出した、誰がわかるねんという問題。
徳井　はい。祇園会館のビルの4階にあったCK　Cafeというクラブディスコの当時の店長さんの名前は何でしょう？っていうね。これ意外にもね、正解者がいませんでした。
福田　そらそうや。さすがにマニアックすぎた。
徳井　答えです。その当時の店長さんの名前はですね、塩尻さんでした。
福田　ラジオ聴いてる人、「そうやったんか〜！」とは、ならんやろ。
徳井　しおじ、までわかってる人、おったかもしれんな。

福田　おらん。
徳井　何尻かで、迷ってた人とかね。
福田　「京都人クイズ」でしたー。

京都のバイク屋モトスペースＴ２・谷店長のお話。

（2004年6月10日放送）

［ついに大阪で一人暮らしを始めた福田と福田が敬愛する谷店長のお話。］

福田　僕、一人暮らしを始めたんです。その部屋にディスプレイ本棚っていうのを、買ってん。
徳井　名前がダサいやん、もう。
福田　ダサないやん！　ディスプレイ本棚。
徳井　機能を名前にした、みたいな。飾れる本棚なんやろ？　どうせ。

福田　そうそうそう。本棚の一個一個に蓋があって、その蓋の部分に本を置いて飾れるねん。そこにどんな系統の本を飾ろうかなぁっていう。すばらしいやんか。
徳井　どんな系統の本もクソも、お前、バイク雑誌しか持ってないやん。
福田　うん。バイク雑誌だけで、月6冊買ってるからな。
徳井　バイク雑誌飾ってても、カッコよくも何ともないで？　インテリアデザインの本とか飾るねん。
福田　そんな本、別に見ぃひんもん。バイク雑誌飾ってたら、マニアが来たらたまらん部屋やで？「カッコええなココ」言うて。
徳井　誰が来んねん！　バイクのマニアって、どこにおるねん。
福田　俺の、京都のバイク屋の店長とか来たら。
徳井　家に、バイク屋の店長来んのかお前！
福田　来ることあるかもしれんやん。
徳井　レッドバロン（全国チェーンのバイクショップ）か何かの店長け？
福田　違うよ、モトスペースT2や！
徳井　誰やねん！
福田　モトスペースT2の谷店長や！　谷店長は夜な夜な俺に「福田君、今日キャバクラ行かへんか？」って、ものすごい誘ってくんのや。ええ人やねん。バイクのエンジン壊れても、「福田君価格」で直してくれるねん。ディスプレイ本棚で、谷店長にもバイク雑誌を見せたらなあかん。

徳井　マジかお前。

福田　本棚1個、1万5000円や。2個買うてん。

徳井　うわ2個も買うてる（笑）！

徳井のファッションモデル時代。

（2004年7月22日放送）

［徳井が吉本興業に入る前
京都でモデルをやっていた頃のお話。］

福田　ラジオネーム「ぐりとぐら」さん。
「お二人さん、こんばんは。徳井さんは『モデルの経験がある』ということでしたが、モデル時代の話をぜひ聞かせてほしいです」

徳井　はい。まぁ、このことについては、いつか紐解かなあかんなとは思ってたんですけどね。

福田　俺も細かくは知らんわ。お前がモデルやってたのは、大学2回生か3回生の頃よな？　その頃あんまり、お前と会ってなかったから。

徳井　そうですね。多種多様なスチールやってましたね。

福田　スチールって何？

徳井　写真。

福田　あぁ！　はいはい、スチールモデル。

徳井　スチールモデルとかショーモデルとか。俺、雑誌記者もやったことあるねん。

福田　えー⁉　何それ！　ほんまに？

徳井　うん。フリーペーパーやけどね。「カイトランド」（京都の情報誌。2006年休刊）って、今もまだあるんですかね？

福田　おー！　知ってるぞ！　ちっちゃいヤツやろ？

徳井　細長いの。

福田　えー⁉　お前編集してたん？

徳井　取材に行ってたよ。編集まではしてへんけど。銀閣寺のバーとか行ってな、写真を撮ってやな、「おすすめのカクテルは？」とか。

福田　写真もお前が撮るの？

徳井　撮る撮る。だって俺しかいいひんもん。

福田　文章書くのもお前？

徳井　そうやねん！　だから昔の「カイトランド」には、僕の書いた記事が何個か載ってるはずなんや。

福田　「記者・徳井義実」って書いてあるの？

徳井　出てる出てる！　たぶん。

福田　7〜8年前か。お前の文章読みたいわ〜。何か素っ頓狂なこと書いてたら、おもろいのになー。

徳井　いやいやちゃんと書いてますよ。「カイトランド」の編集部で働いてはったのが、俺の高校時代のバレー部の、2年先輩のマネージャーの女の人で。

福田　あーなるほどな。

徳井　ほんで「カイトランド」やり始めた時に、その辺のツテで「モデルせえへん？」って、言われたんや。俺のモデルデビュー戦がこれまたすごいねや。

福田　何？　スチール？

徳井　いや、ブランド服のショーモデル。ファッションショーがな、丸太町のメトロ（京都「Club METRO」。今も元気に営業中）で、あってん。

福田　クラブや。

徳井　クラブメトロな。

福田　オシャレやな。

徳井　そのファッションショーに行ったら、綺麗なお姉ちゃんがいっぱいいてやな。そこで僕が着た服が、その頃日本に進出してきたとこやった、ディーゼルっていうな。

福田　すげえ！

徳井　イタリアのカジュアルブランド、ディーゼルやコレ。まあ後にも先にも、そんなカッコええ仕事、それだけやったけどな。

福田　だけやったんかいな。

徳井　そのあと、昔丸太町にあったカラオケ屋さん、マジカルビーンズのチラシのモデルとかね。

福田　俺それ見たことあったわ。ポスター。

徳井　カラオケボックスで、みんなでわーって騒いでるヤツな。

福田　お前、バイトもしてへんかったっけ？　マジカルビーンズ。
徳井　そのあとバイト行っててん。「ここで働きます」って。
福田　モデルになったあと（笑）？
徳井　何も知らんトコでバイトするより、知ってる方がええやん。マジカルビーンズの真緑のTシャツ着て、バイトしてたわ。
福田　（笑）。
徳井　モデルで主にやってたのは、着物のショーやな。京都で聴いてるリスナーさんの中にはね、僕が出てるそのショーのビデオ、持ってる人いるかもしれん。それで月収40万稼いだ月もありましたからね。
福田　めっちゃ稼いでたやん！
徳井　地方も行っててん。僕その頃、日本全国駆け巡ってましたからね。福井だの横浜だの岡山だの。
福田　あ、俺この前、お前の発言にビックリしたことあったな。この前、名古屋のイベントに行ったじゃないですか。名古屋の会場に入って、徳井君が「あ！　俺ここ来たことある！」って言い出して、「何で？」って訊いたら、「着物モデルの巡業で」って。「お前すごいな！」って言うて。

徳井　いやほんまに、あっちこっち行ってたからな。

福田　売れっ子やったんや。けど「最後に入った事務所が潰れて、給料貰えんかった」って、言うてなかった？

徳井　せやねん、最初入ったトコは、ちっちゃーい事務所やってん。モデルさん7人しかいない、できたての会社で。そこ入って。そこから最初、仕事もろててんけど、全然仕事あれへんくて。そんな時に、たまたま着物のショーモデルの仕事が入ってきたワケよ。それは1つの着物モデルの会社が、日本全国でやってんねんけど。1回やった時に、その会社のスタッフさんに気に入ってもらえて、仲良くなったから、「ほなもう徳井君、今度直接、直で……」って。

福田　お？　直の営業やん！　むっちゃギャラええやんけ。

徳井　ほんで、「あ、はい」って言うて。俺もようわかってへんかったから、「あ、ハイそれでいいです～」って言うて。もうずーっと直で。

福田　実質、その着物モデル会社に事務所移籍したワケやな。

徳井　そうこうしてるうちに、その着物モデル会社の社長が飛んでやな。

福田　あ、そうなんや。それで給料貰えんかったと。モデル業界って楽しいもんなん？

徳井　いやぁ～これがね～。何人かの男性モデルだけで仕事する時があんねんけど。

福田　ほう、男同士で。

徳井　楽屋入るなり、まず集合の段階で男性モデルたちが香水の匂いしとるわな。ほんでみんな、すぐ鏡の前に座って頭にブワーって、何かつけるわ。で、化粧しだして、服を着て、何度も鏡の前で立ち方を研究してみたりとか。

福田　結構ナルシストな感じやね。

徳井　あーもうすごいよ！

福田　お前、そんなんじゃないもんな。

徳井　完全に水が合わへんと思ったもんね。でも着物ファッションショーの地方巡業回ってた他のメンバーは、そんなんじゃなかったな。旅の一座みたいな感じがした。おばちゃんのメイクさんを「お母さん！」って呼んでてん。

福田　（笑）。

徳井と福田の大学浪人・予備校時代。

（2004年11月18日放送）

［二人とも浪人生だというのに、何だか不純でした。］

福田　ラジオネーム「恋するうさぎ」ちゃん。
「私は京都で浪人生活を送っているのですが、1つ気になっていることがあります。なぜ京都の駿台生はイケてないのに、河合塾生はカッコいい人が多いのでしょうか？　かくいう私は駿台生です」

徳井　駿台予備校と河合塾の違いね。

福田　あーこれ京都人やったらわかる、あるあるやな。僕たちは河合塾でしたけども、駿台は堅い学生が多いイメージやな。

徳井　実際そうちゃう？　浪人するって決まって、予備校選ぶ時に、どの学校にするか、選択肢としては……。

福田　駿台、代々木、河合。俺らのエリアやったら、カンブリ（関西文理学院。京都市北区にあった予備校。2010年、閉校）があったな。

徳井　カンブリ懐かしいな！　そういう、いろいろ選択肢がある中で、駿台って頑張らなあかんような気がしてん。河合塾は京都の繁華街・三条のど真ん中にあるし、遊べるんちゃうかなって思って。

福田　河合塾に行くことで、「もう大学生生活が始まった」みたいな、浮かれ気分やったからな。最初から。

徳井　僕実際、駿台はね、高3の時に夏期講習だけ行ってるんですよ。駿台も一応、行ったことあるんですよね。駿台なんとなく、ピリピリした感じがあってん。

福田　河合塾はチャラいヤツ多かったわ！

徳井　多かった！　ほんで河合塾には「チューター」と呼ばれる、クラス担任がいて、それをアルバイトのお姉ちゃんが担当してて。

福田　そうそう。大学生のお姉ちゃんアルバイトチューターが3、4人いて、メインの河合塾の社員さんチューターが、1人いるっていう。

徳井　河合塾の予備校生がね、そのチューターのお姉さんにナンパまがいのことをするっていうね。

福田　そんな感じあったな。

徳井　俺その後、花園大学に入ったけど、ほとんど行ってないから。なんやったら俺、花大より河合塾の方が、思い出深いですわ。

福田　河合塾、毎日行ってたなあ。大学スべって河合塾に入った連れが、徳井も含め、たまたま4人いて。毎日連れに会いに、河合塾行ってたもんな。

徳井　毎日行ってたっていうか、毎日河合塾の前に集合してた。集合してから近所の公園行って、お昼のご飯を食べて。

福田　酒屋で100円の缶詰買ってな。

徳井　そうそう。缶詰買って、「新京極行く？」「俺服見る！」「マジけ？　ほな服見てゲーセン行くか！　ほんで帰ろ！」っていうな。

福田　何しに予備校行ってたんねんっていう。ちなみに僕たちはチュートリアルっていうコンビ名なんですけど、これは河合塾に「チュートリアル」っていう、ホームルームの授業があって。その時初めて聞いた言葉やけど、馴染みやすいワードやし、語呂もええし、コンビ名これにしよかっていうて、チュートリアルって付けたんです。

徳井　だから河合塾に行ってなかったら、チュートリアルっていうコンビ名じゃなかったですからね。

福田　うん、そんな言葉、知りませんでしたから。

番組HP
より

Blog Back Number

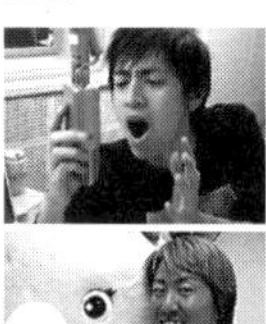

徳井：ズッキーニよ、どうしてお前はそんな形なのか。全国の奥様方はズッキーニを買う時、まちがいなく「まぁ…」と、あらぬ想像をするだろう。(2002.04.18)

福田：いやー、酔っ払った自分の声を初めて聞いたのですが、お恥ずかしいものを聞かせてしまってすいません。これに懲りることなく、ますます酔っ払っておもしろ留守電を入れたいと思います。(2002.05.09)

徳井：２年目かー。すごいなー。40年位続いたらもっとすごいなー。おっさんになって、声もガラガラになって、服もダブルのジャケットとかになってもやってたいな～。いつの日か、その時がきたら……オンエア中に死にたいなー。(2003.04.03)

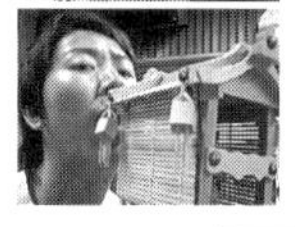

福田：29歳になる福田は、まだ本当に人を愛したことがないかもしれないことに今日の本番で気づきましたが、世の中には結構そんな人もいると思うので特に気にはしません。そんなことより誰かと祇園祭行きたい！(2004.07.15)

大喜利ジングル／プレイバック／1

放送開始直後から、18年間続いてきた人気コーナー「大喜利ジングル」。リスナーからのお題に、徳井が即興で答えるこのコーナー。徳井が常に言ってきた「大喜利は答えだけじゃなく、お題との共同作業」。なのでどうしてもお笑いのパターンを知っているリスナーのお題メールが、何度も採用される場合もありました。お題にも徳井の答えにも、その時代時代の京都や世相が反映されていたりして。

2002

【2002年】

●左京区「アプリリア」さんからのお題。「今いくよくるよ師匠が満を持して出版した、ヘアヌード写真集。そのタイトルとは？」➡徳井 **今脱ぐよ。**

●相楽郡「アイリアル」さんからのお題。「顔てかてかキャラでおなじみチュートリアル・福田。その顔の脂の驚くべき利用法が判明。その利用法とは？」➡徳井 **ポタージュスープに入れると、コクが増す。**

●高槻市「はがのりゆき」さんからのお題。「2010年、なんと東京－大阪間を30分で結ぶという、驚くべきスピードの新幹線が登場。一般募集で付けられた、その新幹線の名前とは？」➡徳井 **やけくそ。**

●大津市「パルコのざる」さんからのお題。「牛丼の吉野家。その有名なフレーズ『うまい、やすい、はやい』に、さらに1フレーズ足すなら？」➡徳井 **うまい、やすい、はやい。マジで。**

【2003年】

●兵庫県「ゆっちん」さんからのお題。「『NASA』。略さずに言うと？」➡徳井 **なんで、あんな、葬式、あげたん？**

●岸和田市「なおり」さんからのお題。「47都道府県中で、京都が98％を占めている円グラフ。一体、何のグラ

2003

フ？」➡徳井 **しば漬けの消費量。**

◉亀岡市「ジャンクインク」さんからのお題。「遭難信号の『ＳＯＳ』。これは一体、何の略？」➡徳井 **それ、俺の、そうめん。**

◉城陽市「東山三条上ル東入ル」さんからのお題。「原始時代の主婦の悩み、第1位とは？」➡徳井 **マンモスの肉を夏場に、もっとあっさりと食べたい。**

2004

【2004年】

◉滋賀県「のりミラクル」さんからのお題。「金縛りにあった！ 幽霊が何か言っているよ。一体、何と言っている？」➡徳井 **お前、同じような服ばっかり買うなよ。**

◉京都市「メガピクセル」さんからのお題。「♪盗んだバイクで走り出す～。この後、尾崎豊は一体どこへ行った？」➡徳井 **機種変。**

◉城陽市「東山三条上ル東入ル」さんからのお題。「この峠のトンネル、出るらしいよ。一体、何が出る？」➡徳井 **つきだし。**

◉吹田市「片栗粉魂」さんからのお題。「うんこに爆笑する小2。エロスに目覚める中2。では、高校2年生は？」➡徳井 **友近を女性として見はじめる。**

◉交野市「ジャブ山」さんからのお題。「卓球少女・愛ちゃんが、球を打つ時に『サァッ』と言っているが、よく聞くと、何と言っている？」➡徳井 **サァッぱりして美味しいっ！**

◉大阪府「片栗粉魂」さんからのお題。「京阪沿線に住む人の、密かな共通点とは？」➡徳井 **もう淀屋橋より向こうは、アメリカやぐらいに思っている。**

2005

【2005年】
◉滋賀県「ハニーオールドファッション」さんからのお題。「お父さんが七夕の短冊に書いていた、切ない願いとは？」➡徳井 **どうにかして、中古のミラパルコが買えますように。**（ミラパルコ＝ダイハツの軽自動車。1988年発売）
◉滋賀県「ドクターコトー」さんからのお題。「初めて行く彼氏の家で気づいた、彼の秘密とは？」➡徳井 **部屋の感じからして、これどう考えてもおばあちゃんと住んでるな。**
◉宇治市「バン仲間、立ち位置左」さんからのお題。「昔々あるところに、福田と徳井が仲良く暮らしていました。福田は山に芝刈りに。徳井は一体、どこに？」➡徳井

それを見に。

●亀岡市「ジャンクインク」さんからのお題。「『ただし』という言葉を使って、短文を完成させなさい」⬇徳井 **カツオで取っただし。**

2006

【2006年】

●奈良県「ポンコツ三太郎」さんからのお題。「熊が冬眠する前に、必ず行うこととは？」⬇徳井 **穴のまわりを日本酒で清める。**

●京都府「パンチライン」さんからのお題。「『布団が吹っ飛んだ』を、今風にして？」⬇徳井 **ネットで買った布団が吹っ飛んだ。**

●滋賀県「ハニーオールドファッション」さんからのお題。「世界各地を巡る旅番組で、いろんなゲテモノを食べているリポーター。そんなリポーターが、どんなゲテモノよりも食べるのがイヤだったものとは？」⬇徳井 **プロデューサーと一緒に食べるディナー。**

●長岡京市「お金大好き」さんからのお題。「マリオがスターを取ると無敵になるが、福田がスターを取ると、どうなる？」⬇徳井 **先輩からご飯をおごってもらいやすくなる。**

●大阪市「富士人」さんからのお題。「大阪は『マクド』。東京は『マック』。では京都では、何と呼ばれている？」⬇徳井 **おマク。**

●大槻市「佐藤ようすけ」さんからのお題。「叶姉妹が次の写真集を出した。そのタイトルとは？」⬇徳井 **東のいくよくるよ。**

●奈良県「ポンコツ三太郎」さんからのお題。「福田の自慢の包丁には、ある言葉が刻まれている。一体、何と刻まれている？」⬇徳井 **1人でいい。1人がいい。**

●城陽市「東山三条上ル東入ル」さんからのお題。「風俗店の名前を考えよう。三条京阪ビルに入れても違和感がない、店の名前とは？」⬇徳井 **おぬきやす。**

2007

【2007年】

●大阪府「最初はグー、ジョンケンヌッツォー」さんからのお題。「高校野球の9回ツーアウトで、意外なドラマが。一体どんなドラマが起こった？」⬇徳井 **キャッチャーが、引くくらい勃起している。**

●大阪府「最初はグー、ジョンケンヌッツォー」さんからのお題。「星占いが最下位だった。でも意外なアドバイスが書いてあった。一体どんな？」⬇徳井 **大丈夫、**

ウソやでっ。

●大阪府「さだごい」さんからのお題。「『梅田には、どうやって行くんですか？』と、インド人に訊いてみた。インド人は、どう説明してくれた？」⬇徳井 **そこのカレー屋からスタートすると、100メートルくらい行ったら、左手にカレー屋があるから、そこを右に曲がって、カレー屋が見えた所で止まったら、左手のカレー屋の辺りが梅田です。**

2008

【2008年】

●滋賀県「秋海棠」さんからのお題。「『あけましておめでとうございます』を、めちゃくちゃ噛んで言ってください」⬇徳井 **あけっぴろげな関係なんでございます。**

●東京都「東山三条上ル東入ル」さんからのお題。「年末年始、CSで放送されているという『乙女-1グランプリ』。昨年のチャンピオンは、京都の17歳の女の子だった。どういうところが評価された？」⬇徳井 **前髪を切りすぎて学校に行かなかったところ。**

●奈良県「ポンコツ三太郎」さんからのお題。「日本全国に読者がわずか100人という、超マイナーな雑誌。その雑誌名とは？」⬇徳井 **バス停ファン。**

●東京都「東山三条上ル東入ル」さんからのお題。「絶対合格せえへんやろコイツ。どんな受験生？」⬇徳井 **旅行帰り。**

●大阪府「最初はグー、ジョンケンヌッツォー」さんからのお題。「村西とおる監督の留守番メッセージサービスが始まった。どんな感じ？」⬇徳井 **もしもし、村西とおるで、ございます。ただ今電話に出ることが、できません。法螺貝が鳴りましたら、メッセージを、挿入してください。**

●枚方市「さだごい」さんからのお題。「大学のパンフレットに、こんなこと書いていいの？ 一体、どんなことが書いてあった？」⬇徳井 **Hな先輩が待っています。**

●茨木市「ナイナイの後輩」さんからのお題。「このラブホ、なんかHする気になれへんわ。一体、なぜ？」⬇徳井 **なんかずっとBGMで、お蕎麦屋さんで流れてるみたいな、JPOPをお琴で弾いたヤツが流れている。**

●香川県「はらへ」さんからのお題。「インフルエンザの予防接種を受けに行った際、医者がさりげなく言った、驚きの副作用といえば何？」⬇徳井 **えー2、3日ね、勃ちませんけどね。**

京都プチ都会バトル、開幕。

（2005年5月12、26日放送）

［京都在住リスナーとチュートリアルによる
我が町自慢大会。］

福田　先日の放送で、「大阪で住みやすい町はどこ？」って話をしたんですけど、たくさん反響が来てます！　京都で名乗りを挙げる町のリスナーたちが、現れました。

徳井　どこや！

福田　ラジオネーム「茶越すおじさん」ですね。
「チュートリアルさんこんばんは。私は、『桂』ＬＯＶＥな女です。桂駅にはミスドもロッテリアも服屋も本屋もあるし、高校も近くにあるので、私にとっては便利な町です」

徳井　桂かぁ……。

福田　なぜ僕が、このメールをまず紹介したかというと。僕が以前、桂で同棲してたから。桂の住みやすさを誰よりも知ってるから。桂ええよ！　桂ええねん。
徳井　いやまあ、駅も大きいけどね。
福田　そうそうそう。阪急の特急、停まるし。
徳井　最近やん。ブラマヨ小杉（お笑いコンビ「ブラックマヨネーズ」小杉竜一）の地元ゾーンですね。
福田　小杉さんの実家ですからね。お前が思い入れのある町、ないの？
徳井　俺は京都なら……西院かな。
福田　あぁ！
徳井　俺は花園大学行ってた時に、花園大学から一番近い、栄えた場所が西院やってん。西院ははっきりいうてデカいよ。
福田　西院はデカいよそら。だって京都外大もあるし、西高も西院やんな？　西院の辺りはかわいい女の子多いねん。
徳井　かわいいな！　あの西高と外大の女の子。こりゃ、京都の町バトルやな。あとランキングに入ってくる京都の町は、やっぱ北大路やろ。
福田　いや、北大路……意外と薄いぞ。
徳井　北大路バスターミナルがあるから。

福田　それ言うたら北山やろ。ノートルダム女子大学があるし。
徳井　ほんで河原町だけはバトルに入れたらあかんな。殿堂入りや。
福田　河原町はあかん。メジャーやもん。それ来たらおもんないわ。
徳井　あと……百万遍。
福田　あぁ百万遍な。京都大学の辺りな。まあな。
徳井　北山、北大路、百万遍、西院、桂。この京都5大プチ都会バトル。
福田　プチ言うなおい。
徳井　プチでしょこんなの。それにしても北山はな、オシャレな都会として、早くグレードアップしてほしいねん。俺ら北山ゾーン出身じゃないですか。
福田　地元やからな。「関西の代官山」っていわれて。
徳井　そうや！　土日ともなれば、オシャレさんたちが集まる場所やったんやけど、なんか伸び悩んでるやん。だから頑張ってくれと。
福田　この方は「まりか」さん。
「この間の放送で『住みやすい町』のお話をされてましたよね？　それに『六地蔵』も入れてください」
徳井　六地蔵って昔、巨大迷路あったよな？

福田　あったあった！　六地蔵に。
徳井　あれ、もうないんかな？
福田　もう今はないと思う。
徳井　巨大迷路「醍醐グランメイズ」やんな（「ふれあいスポーツDAIGO」内にあった巨大迷路。今は「ふれあいスポーツDAIGO」自体、閉園）。
福田　そうそうそう。行ったわ。
徳井　俺も行ったわ。ダブルデートして、女子チームに泣かれてん。
福田　もうデートちゃうやん。思いっきり嫌われてるやん。六地蔵はな、俺のツレの日比君が、バイクで信号待ちしてて、ヤンキーにいきなりどつかれたっていうハプニングがあった町やねん。だから、六地蔵ちょっと怖いイメージやねん。
徳井　僕は宇治に親戚がおるから、六地蔵を含め、幼い頃から京阪宇治線の駅には、だいぶ慣れ親しんでましたけども。
福田　次はですね、右京区の「まいぽん」さん。
「『どこの町がいいか選手権』ですが、私は断然『西院』がいいです！　西院はカラオケもあるし、中華のバイキングの美味しいお店もあるし、モスバーガーもあるし、ちょっと歩けばラブホもあるし。西院は京都の穴場だと思います」

徳井　確かになー。夜になったら道も空いてるし、食うとこあるし。若いカップルには西院すごくいいよね。

福田　西院は美味しいお好み焼き屋がある。隠れ名店多いよ。松田優作さんが生前京都に来たら絶対行ってた焼肉屋もあんねん。

徳井　ドライブでパッと足延ばしたら、亀岡の方にも行けますからね。

京都旅行者に観光地を紹介するなら、どこ？

（2005年6月2日放送）

［なるべくベタじゃない場所を案内するなら……。］

福田　名古屋の「好物はもつ鍋」さん。

「チュートリアルさん、こんばんは。この間の放送の合間に流れたCMで、女の子が『ダム女！』って言葉を連発していて、ビックリしました。『ノートルダム女子大』の略のようでしたが、『ダム女』ってすごい響きですね。私は名古屋に住んでいるのですが、名古屋の人は、何かというと『京都に旅行に行きたい』と言います。京都が地元のお二人に質問です。ズバリ京都のおすすめスポットはどこですか？」

徳井　なるほどー。

福田　俺らもよく「京都のおすすめスポットは？」って聞かれるけど、あんまりベタな所を言うのもなぁっていう。

徳井　まあな、清水寺って言うのは、違うよな。向こうも京都人に訊いてるねんから、ちょっと穴場的な、「観光客は知らんけども」みたいな、気の利いた所を言えよ？って、感じやろうしな。

福田　そうそうそう。京都タワーって言うたところでな。

徳井　「ダム女」って違和感あんねや。僕ら、普通ですけどね。

福田　そうやな。んー、京都行くなら錦市場行きー。錦市場、面白いわ。

徳井　錦市場でな、京都名物食べて。

福田　もうちょっとしたら祇園祭やし、男も女も浴衣着て！　それで錦市場でかき氷や焼き鳥食べて。鮎の塩焼きの串に刺したヤツ、ごっつうまいねん！

徳井　うまいなあ。

福田　名古屋から来てください。おすすめは、祇園祭の頃の錦市場。

京都プチ都会バトル、その2。

（2005年6月9日、16日、23日放送）

［松ヶ崎、北大路、伏見、円町在住リスナーからの町自慢メール。］

福田　早速なんですけども！

徳井　「プチ都会バトル」ですね。

福田　反響がデカいんですよ。ラジオネーム「ペタニージ」さん。

「僕は『松ヶ崎』の京都工芸繊維大学に通う、18歳の男です。学校で一番のトレンディースポットは、せいぜい駅前のTSUTAYAです。でも僕たち頑張ってます。理系の大学なので男の数が圧倒的に多く、今年入学した、とある学科の1回生なんか、100人中、女の子は1人です。

でも僕たち頑張っているんです。地下鉄に乗ると、手前の北山駅で京都府大の女子、そしてノートルダムの女子たちが、みんな降りていきます。華やかだった車両の中は、一気に男たちの綿のシャツが目立ち始めます。それでも、それでも僕たち頑張っています」

徳井　確かにそやわなー。その前が華やかすぎるからなー。だって北大路駅で京都産業大の女子が降りていき、大谷大学の女子が降りていき。

福田　大谷またかわいい子多いねん、これが。

徳井　北山駅でダム女とか京都府大の女子が降りていき、電車内は寂しくなるわな。

福田　工繊（京都工芸繊維大学）なーわかるわー。とり残された感じやな。松ケ崎のＴＳＵＴＡＹＡなんか、俺めっちゃよう行くねんけど。

徳井　あそこよう行ったわー、松ケ崎のＴＳＵＴＡＹＡな。

福田　本のラインナップ豊富やからな。あそこ。

徳井　うんうん。

福田　ラジオネーム「私たちは安藤」さん。
「私が良いと思うのは、『北大路』です。なぜかと言うと、地下鉄やバスターミナルがあり、交通手段が揃っているし、北大路ビブレもあります。ビブレに行けば、必要なものは大抵揃います。そして何よりも北大路橋西詰にある、「グリルはせがわ」（現在も元気に営業中）のハンバーグがあります」

徳井　はせがわのハンバーグうまいわーっ！

福田　うん、とにかく美味しいです。
徳井　はせがわは洋食屋さんね。うまいわー。
福田　あそこは密かにドリアが売りや、っていうのもあります。
徳井　へぇ〜そうなんっ。まあ確かに北大路はね。大きな顔して都会バトルに入れますよ。
福田　そやな。次来てますよ！「ゆうこ」さん。
「京都プチ都会バトル。私は『伏見』に1票です。伏見は名水の地なので、日本酒が美味しい！　そして新堀（新堀川の略）には、ご飯屋さんもいっぱいあるし、ラウンドワンもあるし、ラブホに至っては腐るほどあります。桂には絶対勝っていいます！」
徳井　ほぉー伏見ね！　確かに伏見は伝統ポイントが入ります。
福田　伝統があるわな。伏見城もあるし。あと酒粕ラーメンが有名。ただ伝統のみで、バトルに入ってきてる感じやな。
徳井　伝統のみや。伏見は。
福田　ちょっとこれは、俺の桂の方が上やと思うわ。
徳井　古豪・伏見。

福田　この方、ラジオネーム「円町っ子」さん。
「初めまして。プチ都会バトルに『円町』を入れませんか？　カラオケやゲーセンやパチンコとか、食べ物屋さんもたくさんあります」
徳井　はー、円町ね。円町については僕言わして。
福田　言うて。
徳井　やっぱ一応僕、円町にございます、花園大学出身ですから。
福田　そうか！　花園大学は円町なのか。
徳井　でも円町はね、どうしても横っちょにね、西院があるからね。
福田　そうそう。みんな遊ぶなら、西院に行くよな。
徳井　だからごめんなさい、円町はＪ２ですね。
福田　あ、サッカーのＪリーグでいうところのＪ２ですか？　円町はＪ１リーグには入らへんの？
徳井　入らないです。これまでに挙がった所でＪ２っぽい町、他にもあったな。
福田　六地蔵とかＪ２っぽいけどな。
徳井　六地蔵もＪ２かなぁ。

京都プチ都会バトル、その3。

（2005年6月30日放送）

［嵯峨嵐山、京田辺、二条在住リスナーからの町自慢メール。］

福田　引き続き「プチ都会バトル」！　ラジオネーム「なんきーい」さん。

「京都といえば『嵯峨嵐山』です！　あまり発展した町ではありませんが、そこには古き良き京の文化が残っています。嵯峨嵐山駅前に商店街があり、レトロな雰囲気が素敵です。川は綺麗やし、寺もたくさんあります」

徳井　嵯峨嵐山ねぇ……。

福田　イメージはやっぱり、観光地やな。

徳井　一応、「都会バトル」って言うてますからねぇ。

福田　田舎って言うたら失礼やけども、決して都会ではないなぁ。

徳井　観光地と言えば全国的に有名な嵐山ですけど、僕一応ね、昔、嵯峨に住んでましたからね。時代劇でよくロケをする広沢池の近所やってんけどね。まあ嵐山も……J2で！

福田　続きましてこの方、「ロンギヌス」さん。「プチ都会バトルですが！　なぜ未だに『京田辺』の名前が出てないのか、不思議です！　京田辺市は某番組で『関西で住みやすい町』第2位に輝いているんです！　交通網が発達しているし、居酒屋、ファミリーレストラン、ラーメン屋、ピザ屋が多いです。同志社大学も一休寺も、市民プールもあります。京田辺市はプチ都会バトルでいい試合をするのではないでしょうか？」

徳井　居酒屋、ラーメン屋、ピザ屋、ファミレス。学生向け感満載ですねこれ。同志社大学生。学生の町すぎるイメージが、プチ都会バトルでは……J2ですかね。

福田　そやなぁ。中京区の「なおスター」さんです。「やっぱりこれからは、『二条』が来ると思います。映画館もできたし。どうですか？」

徳井　二条ねー。

福田　この番組ディレクターのIさんも「これから二条が来る」って言うてるし。

徳井　あ、そうか！　二条って土地ありますもんね。昔の駅の土地が。これから開発で垢抜けるな。二条は二条城っていう、歴史ポイントもありますね。

福田　そうですね。
徳井　二条はJ1昇格、だいぶ近いですね。今までいろんな町が出てるやんか。J1はある程度確定してるけど、J2がいっぱいあるので、一回、僕らの方で整理しましょう。
福田　うんうん。

京都プチ都会バトル、その4。

（2005年8月4日放送）

［ついに「キョウトリーグ」発足。K1リーグ、K2リーグの町が決定。］

徳井　今までJ1、J2と言うてましたけども。このプチ都会バトルのリーグを、「キョウトリーグ＝Kリーグ」と題しまして。そのトップリーグK13チームを、ひとまず決めましたので、発表します。
福田　発表します。

徳井　はい。まずですね。桂！
福田　桂ね。
徳井　桂はチーム名、「桂リキューズ」に決めました。
福田　桂離宮が有名やからね。
徳井　そして次がですね。北山ですね。北山はオシャレタウンということで、「シャレオ北山」という。
福田　なんかショッピングモールの名前みたいになっとるやん。
徳井　「シャレオ北山」です。そしてK13チーム目が、北大路ね。これはもうストレートに「北大路バスターミナルズ」。
福田　もうちょっと、他にネーミングなかったか？
徳井　やっぱバスターミナルが、北大路のランドマークということで。
福田　あぁそうですか。
徳井　そして次が、四条大宮ですね。やっぱこれは映画館が有名。四条大宮の東映があったということで、「四条大宮シネマズ」。
福田　なるほど。
徳井　そして西院ですね。これは若者の町・西院ということで。「ヤング西院」。

福田　「ガンバ大阪」みたいな感じで、「ヤング西院」。これらがＫ１なんですね。

徳井　そうですＫ１です。「桂リキューズ」「シャレオ北山」「北大路バスターミナルズ」「四条大宮シネマズ」「ヤング西院」。この5チームがＫ１。

福田　はい。

徳井　そして混沌とした状態なのが、Ｋ２ですね。

福田　うんうん。

徳井　Ｋ２の町をダダッと発表します。「円町ヤンキース」。

福田　ヤンキー多いイメージやからね。

徳井　そして「キャッスル二条」。

福田　二条城があるからね。

徳井　「六地蔵ボンズ」。

福田　それ、どういうことですか？

徳井　「地蔵盆」（地蔵盆がどういうものかについては、後のページで特集回がありま す）。

福田　地蔵盆から来てるんですか。

徳井　そうです、ダジャレです。

福田　なるほど。逆にいうと、六地蔵には特色がなかったということですね。
徳井　まぁ昔ならね、六地蔵には「醍醐グランメイズ」があったんですけどね。
福田　はいはいはい。
徳井　そして「スチューデント京田辺」。
福田　まあ同志社があるからね。
徳井　そして「ヒストリー長岡京」。
福田　長岡京も、歴史がありますからね。
徳井　そして「ロマン宇治」。
福田　ワケわからへん。「ロマン宇治」？
徳井　「源氏ロマン」ですね。宇治は。
福田　あーなるほどね。
徳井　「ヒストリー長岡京」と「ロマン宇治」はですね、歴史的な背景が強い対決。
福田　あ、因縁があるの？
徳井　因縁のライバルチームですよ。
福田　歴史的対決ダービーみたいなことですか？
徳井　そうですね、そして「伏見アルコールズ」。

福田　あー酒処ですからね。

徳井　そして「中書島ノリカエズ」。

福田　他に何か名前あったやろ、中書島！　「ノリカエズ」って完全に、電車乗り換えるだけやんけ。

徳井　やっぱ宇治方面へのアクセスね、京阪宇治線の利用者としては、「ロマン宇治」対「中書島ノリカエズ」は、「京阪電車ダービー」ということになりますね。

福田　あぁ（笑）。

徳井　「京阪ダービー」に関しましては、「六地蔵ボンズ」も入ってきます。こういうのがK2です。

福田　「ヒストリー長岡京」については、僕個人的には「長岡京　店閉まんのが早いズ」っていう名前がよかったんですけど。却下されまして。

徳井　「店閉まんのが早い」って、福田君が思っただけですからそれは。

福田　あぁそうですか。

徳井　「中書島ノリカエズ」。乗り換える利用客、多いと思うんですよ。俺も、じいちゃんばあちゃんが宇治に住んでたから、よく京阪で、出町柳から乗って、中書島で乗り換えて、宇治に行ってたんです。おかんと俺の二人で、寒い日の夜に、中書島のプラットホームで乗り換えの電車を待ってたなぁ。それが幼い時の記憶として、すごく残ってるねん。なんか切ないような、でもおかんと二人で、あったかいような感じ。

福田　なるほどねぇ。

徳井　一応K3リーグも考えてます。K3は岩倉とか丹波橋。

福田　丹波橋な！

徳井　あと茶山とかね。

福田　茶山なんてお前！　K3にも、入れてええの？

徳井　K3はハードルが低いですから。

福田　茶山は完全に住宅地やでアレ！　地元の住民でも、茶山の特色言われへんよ。

徳井　K3、他には衣笠、嵯峨野とか。

福田　K3になったら、基本的にチーム名をつけてもらえないワケですね。

徳井　はい。あ、丹波橋は近鉄電車乗り換えがありますから、実は「中書島ノリカエズ」だし「丹波橋ノリカエズ」でもあるんです。なんと。

福田　ただ乗り換えるだけやろ？

徳井　乗り換え対決で、K3の丹波橋が、K2に上がるかもしれん、っていうのもあ

ります し。

福田　各町のランクが「上がる」とか「落ちる」とか、あるんですか?

徳井　今後入れ替え戦がありますから。じゃあいよいよ、その話をしましょう。

福田　はいはいはい。

徳井　とりあえず今日、京都プチ都会バトルのメンツが出揃いました。で、こっからですよ。ここからリスナー投票で、K1K2それぞれのランキングを、1位から決めていこうじゃないかと。そしてK1リーグの最下位と、K2リーグのトップを、入れ替えようではないかと。入れ替えシステムを採用します!

福田　なんせリスナーの皆さんに、投票してもらおうということですね?

徳井　そうです。K1、K2それぞれに1票、投票メールを送ってください。

福田　K1=5組、K2=8組。全13の町。

徳井　はい。

福田　じゃあ皆さん投票お願いします。ますます白熱していきたいと思います。

京都プチ都会バトル、その5（最終回）。

（2005年9月1日放送）

［リスナー投票でK1、K2リーグ、各町の順位が決定。］

福田　さぁ！　今まで募集してまいりました、京都プチ都会バトル！　Kリーグのランキング発表でございます！

徳井　来ましたね、ついにこの日が。

福田　「京都の中のプチ都会を決めよう」ということの戦い。たくさん投票メールを送っていただきました！

徳井　はい！

福田　K2リーグのランキングから発表していきます！　最下位の8位と、1位は、最後に発表します。まず7位から行きましょう！　第7位！　……おお！　「円町ヤンキース」！

徳井　「円町ヤンキース」！　そうかぁ円町7位かぁ。花大出身の僕としては、寂しいですねぇ。

福田　そして第6位が！「伏見アルコールズ」！　もうちょい順位上かと思ったんやけどな。

徳井　酒造りの町・伏見。まあ古い町やからなあ。

福田　第5位！「中書島ノリカエズ」！

徳井　中書島、順位低いやん！

福田　第4位！「ヒストリー長岡京」！

徳井　お！　これ「ロマン宇治」優勝狙える？　うちのじいちゃんばあちゃんの町・宇治！

福田　宇治、まだ出てへんな。

徳井　ヒストリー、4位やんけ！

福田　長岡京、いい順位になったな。推す人が多いんやなぁ。

徳井　もう、どこが優勝かわからへんぞ⁉

福田　そして第3位！「スチューデント京田辺」！　学生の投票が多かったです！

徳井　おぉーちょっと待てよ⁉　ということは、「ロマン宇治」か「キャッスル二条」が1位の可能性がある？

福田　「六地蔵ボンズ」もですよ。

徳井　あ、ボンズもか！　ボンズがここまで残るとは、正直思ってなかったわ。
福田　では参りましょう、第2位！「キャッスル二条」！
徳井　宇治がまだ残ってるぅっ！　やばいぞこれ。「ロマン宇治」と「六地蔵ボンズ」が、1位か8位やな。これ奇しくも、京阪宇治線沿線ですね！
福田　うわ！　ほんまや！　宇治線ダービーで1位と8位を分けるとはね。では、第1位の発表です！
徳井　はい！
福田　京都プチ都会バトルK2リーグ、第1位は!?　……「ロマン宇治」！
徳井　来たぁあああ！
福田　というワケで、第8位が「六地蔵ボンズ」でした。
徳井　あーそうですか！　やっぱ宇治人はね、宇治を愛してますからね。
福田　「ロマン宇治」の投票数は、他の町より圧倒的でした。
徳井　あ、ほなもう「ロマン宇治」はK1に……。
福田　自動的に、K1リーグに昇格決定です！
徳井　まあ、こうなったらなったで、「ロマン宇治」がK1リーグで、やっていけるのかが心配ですけども……。K1の町たちは、強いですからね。

福田　まぁ、まあね。けどこれは見事な結果ですね。
徳井　そうねー。「キャッスル二条」。「キャッスル二条」を倒すとは。
福田　「キャッスル二条」、普通に考えたらやっぱ一番都会やからな。
徳井　そやねぇ。
福田　さあ！　ではK1リーグの順位発表に行きますか？
徳井　K1はもう、どこが勝ってもおかしくないやろ。
福田　「桂リキューーズ」やろ。
徳井　「シャレオ北山」やろ。
福田　では1位と最下位5位の発表は最後にするとして、4位の発表から行きましょう。K1リーグ第4位は！　「北大路バスターミナルズ」！
徳井　ほうほうほう！
福田　4位か……もっと上であって欲しかったな。
徳井　ほんまやな。北大路も僕らの地元に近い町ですからね。
福田　そうですね。そして第3位は！　「四条大宮シネマズ」！
徳井　ほー！　俺正直、シネマズ最下位かと思ってたけどな。
福田　あ、マジで？　そして第2位！　「ヤング西院」！

徳井　おおお！
福田　俺、絶対1位やと思ってた。西院。
徳井　待てよ⁉　ということは？　僕の応援してる「シャレオ北山」。そして福田君の応援してる「桂リキューーズ」。これが1位か最下位の5位か、命運を分けるというワケですね！
福田　そうですね。じゃあ第1位、発表しましょうか。
徳井　お願いします！
福田　京都プチ都会バトル、K1リーグ第1位は！　……「シャレオ北山」！
徳井　おおおおぉぉ！　ということは、桂リキューズがK2落ちですね？
福田　降格ですね。桂リキューズ、K2リーグ降格決定！
徳井　桂、K1で通用しなかったですね。
福田　全くやったな。
徳井　なるほどなぁ。
福田　まあまあ！　Kリーグ盛り上がりましたけども！　またいつか第2回戦、やりたいですね！
徳井　そうですね！

福田　いつかまた「我が町こそが都会だ」と名乗りが挙がった時は、やりましょう！

徳井　はい！

福田　皆さんの協力で大変盛り上がりました！　Kリーグありがとうございました！

3年ぶり2度目の「M－1グランプリ」決勝進出。今回は優勝なるか？

（2005年12月24日放送）

［決勝進出1度目は第1回大会。その結果は8位。さあ二度目の正直、リベンジなるか。］

福田　24日。世の中はクリスマスイブ。明日25日はクリスマスですけども。僕らにとってはいろいろあるということで。これメールが来てるんですよ。

徳井　あぁ、そうですか。

福田　仙台の高校2年生「ひとみ」さん。「こんばんは。いきなりですがM－1決勝進出、待ってました！　本当に嬉しいです。チュートリアルが初めてM－1の決勝に出た第1回大会から、はや数年。クリスマスがものすごく楽しみです！」

徳井　はいはいはい。

福田　宇治市の「バン仲間立ち位置左」さん。

「M－1決勝進出、おめでとうございます！　公式サイトを見て、決勝進出者の欄にチュートリアルさんの名前があってめっちゃうれしかったです。ブラックマヨネーズさん（お笑いコンビ「ブラックマヨネーズ」。小杉竜一・吉田敬）も決勝進出を決めて、さらに白熱したバトルになりそうですね。他に麒麟さん（お笑いコンビ「麒麟」。川島明・田村裕）もおられますし、京都出身の3組に、是非がんばってもらいたいです」

徳井　そうですね。

福田　この3組。京都出身の漫才師3組がね、奇しくもKBS京都で、ラジオのレギュラーをやってたんですよね。「金曜ナマチュー」の番組枠。僕らが最初やってて、次、麒麟になって、ブラマヨさんになったという。

徳井　その同じ番組枠のレギュラーをやった3組が、M－1の舞台で激突すると。

福田　うんうん。

徳井　ほんとにね、僕、ちょっともう単純にね、こうやってメールくれてる方であったりね、応援してくれてる方にね、「待たせてごめんな」ということを言いたいんですよ！　2001年、第1回M－1の時に、僕ら決勝行ったやんか。

福田　行った。

徳井　あの時は決勝残って、「うわー、すごい、すごい」って、舞い上がってて。ほんで次の年。あかんかったなぁ。去年いけたのに今年あかんかったなぁ。大丈夫なのか？　まぁでも来年頑張らせてもらおう。で、その次の年や。「今年もあかんかったなぁ」ってなって。

福田　そやな。

徳井　ほんならもうねぇ、だんだんねぇ、半ば諦めムードから、完璧な諦めムードになって。

福田　（笑）。

徳井　ほんまに。「お待たせしました」ということを言いたいんですよ、僕は。

福田　まぁ、明日のこの時間には、もう全ての結果が出てますからね。美味しい酒を飲めてるんでしょうか。ほんまに、第1回のM－1終わりよりつらい日は、なかったじゃないですか。

徳井　うん。あれ以来、もう、あのつらさを越した日がないですから……（笑）。俺いまだに、あの時のM－1のオンエアを、観てないのよ。
福田　俺も観てない。
徳井　観られへんやろ⁉
福田　観られへん。怖くて。
徳井　もう、なんか舞台上で固まってる自分を観んのが、恥ずかしいし情けないしで、いまだに観られへんから。
福田　まぁまぁそんな感じなんでね。明日よろしければ、リスナーの皆さんもブラウン管の前で応援していただけると……。お願いします。

Blog Back Number

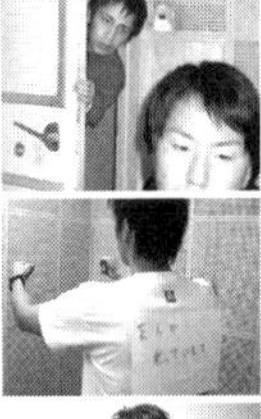

徳井：僕の相方の福田っていう人が30歳になりました。福田っていう人の、生まれてから今までの人生の点数は何点位なんだろう。たぶん35点ぐらいだろうな（ちなみに1000点満点です)。(2005.08.11)

徳井：「赤ちゃんが乗っています」的なメッセージボードについて話しましたが、「景色を見ながら走ってます」や「クラクション鳴らされたら怒ります」「久しぶりに運転しています」「車線変更に全く自信ないです」「逃げてる途中です」「投げやりになっています」とかイロイロ作ってほしいです。(2005.08.18)

福田：1年は本当に早いもんですね。また年取るんかー。気がついたら毎年着ているダウンジャケット、6年目に突入したよー……。(2005.12.31)

徳井：30歳になった一年も終わりです。いろいろ考えたからなのか例年より3～54倍、空を眺めた一年でした。そろそろ売れよーっと。ほな！(2005.12.31)

「M－1グランプリ2005」の、結果。

（2006年1月7日放送）

［決勝大会が終わって、この日が最初の収録でした。］

福田　早速いきましょうか。この方、大阪府の「ココ」さん。
「徳井さん福田さんこんばんは。年末の『M－1グランプリ』、本当に本当に楽しませてもらいました。正直1位以外の人には悔しい思いだけが残るイベントなのかもしれませんが、私の周りでは、『なんで5位なん？』『めっちゃ面白かったのに』等の声がよく聞かれました」

徳井　はいはい。

福田　この方、滋賀県の「セルス隊長」さん。
「M－1お疲れ様でした。結果は5位でしたが、ダウンタウンの松本さんは、お二人に一番高い点数をつけておられたので、来年こそ悲願の1位になってください。頑張れ！」

徳井　はい。
福田　京都府「まーさん」。「Ｍ－１お疲れ様でした。大好きなチュートのお二人の緊張が伝わってきて、本当に手に汗握る思いでした。漫才めっちゃ面白かったです。本当にありがとうございました！」
徳井　まぁ、一応今回はね、それなりにできましたからねぇ。
福田　まぁまぁまぁまぁ。
徳井　ほんまはね、優勝したら一番いいんでしょうけど。
福田　はいはい。
徳井　まぁ、それでね。１月２日に実家帰った時に、親父からＭ－１の話になってやな。「Ｍ－１に出てる漫才師の、あの連中はアレ、本気やな！」って、言うてたという（笑）。
福田　まぁ、真剣さが伝わったんやろうな。
徳井　「本気の漫才やなぁ」って。「みんな本気の漫才やりよったら、やっぱり面白いわ」って。
福田　なるほどね。

徳井　って、正月言うてた親父ですけども、「M－1グランプリ」の僕らのオンエアが終わった直後に、僕の妹と親父から、二人別々にメールが入ってきましてですね。二人とも「ブラマヨの方が面白かった」と（笑）。

（※この「M－1グランプリ2005」は、ブラックマヨネーズが優勝した）

福田　確かにうちのオカンも「ぜんっぜんおもんなかった」って言ってましたからね（笑）。「もっとあるやろあんたネタ。もっともっと、みんながわかるネタせなあかんで！」って言うて、母の福田妙子が激怒してましたけどもね。

徳井　厳しいお言葉をね、身内からは散々いただいておりますけども（笑）。

福田　すごい大会やでほんまに。本当に応援してくださった皆さん、ありがとうございました！

私の好きな京都の社寺ベスト200。

（2006年1月7日放送）

［放送200回まで、目前です。］

福田　「放送200回目前企画！　何でもベスト200！」。200にちなんで、あなたの考えたランキングのベスト3、そして200位を発表してもらいます。

徳井　広島の「ねぎせんべい」さん。

「私の『京都で好きな神社・寺院ベスト200』。第3位『二条城』。個人的に気に入っている。第2位『東寺』。五重塔が好きだから。第1位『野宮神社』。神社に行くまでの竹林に風情を感じる」

福田　あーはいはい！　野宮神社、結構ドラマの撮影で使われてない？　竹林の中に道があって。

徳井　そうそう。で、第200位は『鞍馬寺』です。俺、五重塔好きやなあ。やっぱ。

福田　あんた、東寺の五重塔の画像、一時期ケータイの待ち受けにしてたよな。

徳井　うん。この間も写メ撮ったわ。塔はいいですよね。

番組史上、最大のガチンコトーク。テーマは「将来の夢」。

（2006年6月24日放送）

［この20年間で、二人が一番本音をぶつけあった放送回。当時二人は、まだ関西在住。］

福田　「ぺらっとしゃべりんこ！」のコーナー！　というワケで。皆さんからいただいたお題で、トークするコーナーでございます。

徳井　はい。滋賀県の「ゆーくん」、16歳の男の子からのメールです。「将来の夢について語ってください」

福田　おぉー。

徳井　今週のテーマは、「将来の夢」っていう。

福田　将来の夢ね。

徳井　赤裸々に、生々しいくらいに、語ろうかなと思って。

福田　将来の夢？　はいはい。いいですよ。
徳井　僕ら「芸人」という仕事をやってますけども。実際ね、「50歳になった時に、自分はどうなっていたいか」みたいなことって、考えたりする？
福田　まぁ、そやなー。ある程度は。
徳井　ほうほう。「コンビでどうなりたいな」とか、俺ら、喋らへんやん？
福田　俺らは言わん。
徳井　俺らってドライなコンビ？
福田　どうなんやろな。そうかもしれんな。
徳井　そんなん言わんといてや。
福田　(笑)。なんでや。
徳井　ドライとか言わんといてや。
福田　いや、わからん。お前とそういうことを、喋ること、ないからなぁ……。
徳井　否定してよ。そこは。
福田　他のコンビは、もしかしたら喋ってるのかもしれん。というのも、コンビを組むっていう時に知り合った仲やったら、「こうせなあかん」「こうしよう」っていうのを、コミュニケーション取る必要あるやろけど、俺らほんま、幼稚園からずっと一緒やから、幼稚園の時に「俺ら小学生なったら、どんなことになってるやろな」なんて、話さへんやん。

徳井　確かに、せやな。

福田　結局その延長で、ずっと来てるからな。だから「将来的に」の話は、せえへんのかもしれん。

徳井　例えば、NSC（吉本総合芸能学院）で知り合って、コンビ組んだとか。

福田　うん。

徳井　ブラマヨ（お笑いコンビ「ブラックマヨネーズ」）にしたって、小杉と吉田はNSCでもともと違うコンビでやってて、解散して引っ付いたワケやんか。

福田　うん。俺らは違う。漫才する時に出会った仲じゃない。

徳井　お前って「先輩の誰々みたいになりたい」みたいなの、あるの？

福田　ない。

徳井　あぁー。……どうすんの？　将来どうなってたら理想なん？

福田　理想……そら、もう東京で。

徳井　はい。

福田　ゴールデンタイムの番組を司会。

徳井　ん？　それが理想なん？　ほんまに？
福田　いや、それがほんまの理想かはわからんけど、それをいっぺんやってみんことには、それがやりたいことなのか、そうじゃないのかがわからへんもん。
徳井　うんうん。
福田　一度頂点を極めてみんと、何が合ってるのか、見えてこうへんと思う。
徳井　ということは、全国区のゴールデン番組が、頂点やということやね？
福田　今現在では、そうちゃう？
徳井　うーん……ということは日本全国、若者はみんな知ってるという番組で、俺らがバンバン仕切ってるっていうこと？
福田　そうやなぁ。
徳井　いうなれば、ダウンタウンでいうなれば浜田さんであり、ナインティナインさんやったら矢部さんであり、みたいな、ゴールデンで仕切る人。
福田　それがもう理想やな。
徳井　そこに向かって今、毎日、生活・仕事をやってるワケや？
福田　そうそうそう。
徳井　へぇ。

福田　あら。お前は違う感じ？

徳井　いや、それはもちろんやっぱり芸人である以上はね、そこは目指さんとあかん部分やけど。

福田　お前の思ってる将来は、どんな感じ？

徳井　まあ俺もそうやで。やっぱ売れるということは、ゴールデンでメインの番組を持つ。で、売れてる人というのは、他のいろんな種類の仕事をするやん。自分の趣味の番組があったり。

福田　はいはいはい。

徳井　映画に出る人。俳優業やる人。歌出す人。絵描き始めたりする人もいるからな。福田さん、その辺についてはどうなんですか。

福田　わからんけど、会社の言う通りやる。「これ、やりません？」って言われて、乗り気やったらやるっていう。俺、他に何かガッチリしたいっていうのはない。

徳井　ふーん。

福田　バイクが好きやから、バイクレースの副音声の解説とかしたいけどな。さんまさんがサッカーワールドカップでやってるような。そういう仕事はしてみたいなと思うけど。そんなもんやなぁ。

徳井　ほなな。ちょっと質問の角度を変えるけど。
福田　うん。
徳井　世間に対して。
福田　うん。
徳井　お前は、自分をどう見られたい？　俺、そこやと思うねん。
福田　あぁ。なるほど。そらそうやな。イメージは大事やわ。
徳井　みんな俺らのこと、どういう人やって、何かしらイメージを抱くワケや。
福田　はいはいはい。
徳井　それ、どう思われたい？
福田　そらやっぱり「できる人」と思われたいよ。当然のことながら。
徳井　うんうん。
福田　「あの人できるな」と思われたいがしかし、現実とのギャップがある。「あぁ、できてないなぁ」「あぁ、あかんなぁ」っていうのがあるなぁ、俺。
徳井　いいねぇリアルやねー（笑）。　ほんなら、
福田　うん。
徳井　こういうことを、この番組でね。わざわざ「将来の夢」というテーマで語るん

であれば、もっと掘り下げていきたい。

福田　あぁーいいんじゃないですか？

徳井　これな。俺もそういう、ある程度理想みたいな、「こんな将来がええなぁ」みたいなのが、あるけども。

福田　うん。

徳井　実際問題、その理想になれるのかどうか。自分ならね、やっぱり力量わかってるし。志望校、受かるのかっていう。

福田　うんうん。

徳井　結局、その自分の力量に合わせて、立ち位置を変えなあかん場合も、あると思うねん。思ってる立ち振る舞いは、スキル的に足りなくて、できない。それなら、他のポジションやったら、何とか生き残れるかもしれん。とか。そこら辺を模索しながら、仕事をやっていかなあかんって、思うねん……これな、だいぶディープなこと言うけど。

福田　うん。

徳井　もう、「キョートリアル！」やから言うけど。これ決してな、ネガティブな考えではないねん。いつかはゴールデンで、俺らがメイン司会の番組。そこに向かって、やってきたつもりやけど。僕ら二人の感じでは、もしかしたら、そこには行き着かへんのちゃうか。とも、考えてる。何年か前から。

福田　なるほどね。冷静な客観的意見。

徳井　うん。

福田　もちろん、それはあるけども、そこは俺、見ないようにしてるの。

徳井　あ、見ずに？

福田　うん。そういう「行き着かないかもしれない将来」を考えてしまうと、やっぱり俺、特にネガティブな生き物やから、「あぁ、そうなんやろうなぁ」って思って、もう無理やわ。

徳井　あぁー。

福田　俺はね、毎日毎日ちょっとでも、自分に変化があったら、それを見て「成長」やと思わんと、何も得るものがないというか。

徳井　あぁー。

福田　だから「行き着かないかもしれない将来」を、見ない。

徳井　でも、ネガティブな話がしたいワケじゃないで？「ゴールデンで、メイン司会の番組を持つ」じゃなく、それ以外に、もっと自分のしたい仕事の感じがあるんちゃうか、という話。

福田　例えば、テレビに出てなくても、劇場に出りゃ１００パー爆笑かっさらう漫才師の人、いるじゃないですか。それはそれで、すごく仕事やりがいもあるやろうし、楽しいと思うのよ。

徳井　せやねん。もひとつ言うと、テレビか舞台かっていうより、テレビの出方、世間での認知のされ方を、考えたい。

福田　ほぉほぉほぉ。

徳井　なので、自分的に楽しいし、やりがいあるなと思えたら、その方向に向かったらええんかな、っていうのを最近ね、すごい思うんですすよ。

福田　ほうほう。

徳井　結局俺な、「個性的な人」と思われたいねん。

福田　あぁ、人からな。けど、それはもうちょい先なのかなっていう気もするねんな。

徳井　まぁね、もちろんね。

福田　今はまだ、個性的なキャラより、若手丸出しの感じというか、「わかりやすい、番組で使いやすい新人」みたいなのを求められることが多いですから。

徳井　だからそこが難しいとこで、完全に自分を殺して、何でもかんでもやってまうと。やっぱり、そういう人と思われたら、もう最後やから。

福田 なるほどな。

徳井 バランスやね。

福田 難しいですね。

徳井 難しいですよねぇ、こういうのって。

福田 さぁ今日のテーマが将来の夢、ということでした。

徳井 これはもう、「キョートリアル！」でしか語らない。

福田 学生さんは学生さんなりに、理想の将来、いろいろ思い描いてると思いますけど。僕たちは社会人の端くれとして、こんなふうに理想の将来を思っている、ということでした。

徳井 この放送、他の芸人さんが聴いてはったら、「こいつらグロい話、言うてるなぁ」って、思うでしょうね（笑）。

福田 そうですね（笑）。こんなことを考えております。

徳井 頑張っております。

地蔵盆は、京都の土着の文化なのか？

（2006年8月19日放送）

［地蔵盆とは地蔵菩薩の縁日で
一般的には、お盆に近い7月24日がその日に当たる。
路傍や町角のお地蔵さん、いわゆる辻地蔵を祀る日。］

福田　京都市「手巻きトマト」さん、

「お二人さん、こんばんは。大阪の友達と話をしていて、『地蔵盆』という言葉が通じなくて、ショックでした。やっぱり京都独特の文化なんですね。私の町内では、自分の提灯を吊ってもらったり、ビンゴ大会があったり、かき氷を食べたりしていました。お二人の地元は、どんな感じでしたか？」

徳井　地蔵盆楽しかったなあ。

福田　矢倉組んでな。

徳井　うん。その前に地蔵盆っていうのは、どうやら全国共通ではない感じやな。

福田　大阪で通じへんかったんやろ？　地蔵盆じゃなくて、違う言い方なんかな？

徳井　違うねん。地蔵盆そのものが、ないねんて。たぶん。

福田　えぇ？　地蔵盆がないの？　いやそんなことないやろう。

徳井　地蔵盆は、お地蔵さんのお盆やん？　他の地域にはそれがないねん、たぶん。

福田　日本全国、何かしら夏にお祭りやってるやんけ。

徳井　だからそれはもう、普通のお祭りや。地蔵盆じゃないねん。

福田　じゃあ地蔵盆がないエリアで聴いてるリスナーに、地蔵盆をどう説明したらええんやろ。

徳井　地蔵盆っていう言葉の響きが、まず何かわからへんと思うわ。

福田　俺も地蔵盆が何か正確には把握してないけど、とにかく楽しかったよ。

徳井　そやねん。俺ら京都人は、ちっちゃい頃から「ジゾーボン、ジゾーボン」、夏はジゾーボンってインプットされてるから何の違和感もないけど。

福田　あぁーなるほどなぁ。

徳井　地蔵盆になると、お地蔵さんごとにテント組んで祀ってたやん？　たいがい。

福田　え？　そうやったっけ？　駄菓子屋で好き勝手買い物できるのと、近所の公園に灯籠を飾って、矢倉組んで踊った記憶はある。それがうちの地域の地蔵盆やった。

徳井　あー、そう（笑）。矢倉なんか組まへんもん、うち。

福田　ほんで、あとは提灯に絵を描くねん。毎年。

徳井　あー！　それは描いた描いた！

福田　描いたやろ？　その子供たちが絵を描いた提灯が公園1周ぐるっと回るねん。

徳井　は？　回らへんかった、うち。

福田　え？

徳井　だからな、この近所の俺らでもやり方ちゃうねんから。地蔵盆ってな、フリースタイルやと思うねん。それぞれの地区でアドリブきかせてるんやと思うわ。

福田　お前らのトコの地蔵盆、駄菓子３５０円で買い放題の券もらえた？

徳井　いや、もうナイロン袋に入ったお菓子もらったもん。何種類かのお菓子がナイロン袋に入ったヤツ。「はい、これは徳井君のところ」って。

福田　え？　全然遊び心ないやんけ！　お前のトコの地蔵盆。

徳井　うん。

福田　うちの地蔵盆は、近所に駄菓子屋が3軒あるということもあって……。

徳井　そやろ。それはお前の地区の「地の利」やねん。

福田　地の利やな（笑）。確かに。

昨年に続き「M－1グランプリ」決勝進出。決勝前夜の放送です。

（2006年12月23日放送）

［本人たちも、リスナーも、緊張を抑えるようにして。］

福田　早速いきましょう。もう、このメールがめちゃめちゃ来てますわ。「屈折なっちゃん」さん。

「徳井さん福田さん、こんばんは。『M－1グランプリ』決勝進出、おめでとうございます！　今年の決勝はクリスマス・イブですね。彼氏がいなくてよかったです。バッチリ生放送見ます！」

続いて「白いパンダ」さん。

「M－1決勝進出、おめでとう！　M－1でのチュートが見れるので、とても嬉しいです。がんばってください！」

この方、「スレーター」さん。

「肩の力を抜いて、いつも通りのチュートリアルを見せれば、それでいいと思います。あとはネタ選びだけ慎重に」

徳井　はいはいはい。

福田　他、いっぱいメールをいただいております。

徳井　ありがとうございまーす。

福田　明日ですね。

徳井　そうですね、心配してくれてる人やら、応援してくれてる人やらね。ありがたいです。

福田　特にＫＢＳ京都の、この「キョートリアル！」リスナーの人は、もう付き合いが長いですから。僕たちの素を聴いてきたワケじゃないですか。

徳井　うん実際、こんだけ素を言うてるのは、この番組だけ。

福田　明日、決戦ですけどもね。

徳井　うん。もう目標は決まってますから。

福田　うん。

徳井　目標はほんまに、毎年決まってます。

福田　言うて言うて。

徳井　去年もそうでしたけど。「面白い漫才をする」ということです。

福田　ほんまにそう。

徳井　優勝が目標じゃなくて、「面白い漫才をする」ことが目標なので。はい。

福田　もし例えば、スベりながら1位になるんやったら、めっちゃウケて5位6位で、ええよな。

徳井　うん。実際そやね。去年がそうやったしね。

福田　ほんまにそんな感じですわ。僕達チュートリアルは。

エンディング

福田　さあエンディングでございます。

徳井　「エンディング川柳」の時間です。あなたの日常を、五・七・五の川柳にのっけて送ってください。今週の川柳はこちらの方、奈良県のラジオネーム「ポコ」さんのヤツです。

「3度目の　正直見せて　M－1で」

福田　僕たちに対しての川柳ですね（笑）。

徳井　「徳井さん福田さん、死ぬ気で頑張ってください」ということなんですけども。

何度も言いますけど、目標は「面白い漫才をする」ということだけでございますのでね。

福田　そうでーす。

徳井　頑張ります。

福田　ありがとうございます。はい、それではまた来週も聴いてください！　お相手はチュートリアルの福田と、

徳井　徳井でした。明日噛まんように、頑張りまーす。

Blog Back Number

徳井：僕の仕事はおかしな仕事で、女装をしたりします。23歳位からずっとしているので、男として年を取るのと同時に女としても年を取っていきます。化粧のノリが悪くなったり、シワを発見したりでなかなか楽しいです。（2006.11.04）

福田：オイ、リスナーのみんな！せっかくダイエットしたのに体が気持ち悪いってなんやねん！そこまで細いか？　徳井の「なんとなくダイエット」より福田の「アルコールダイエット」のほうが絶対にいいですからね！（2006.11.25）

徳井：キスシーンの話が出ましたが、本当に緊張しました。渋谷のスクランブル交差点でチ○コ出すほうがましでした。これはキス直前の写真です。（2006.12.09）

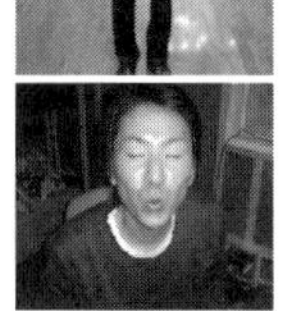

福田：相方のキスシーンを見てやろうと思います。演技をしているつもりでも、自分のやり方が出るものらしいので、みんなも徳井のキス100点満点で何点か送ってきてね。ちなみに福田はこんな感じや！（2006.12.09）

「M－1グランプリ2006」の、結果。

（2007年1月6日放送）

［決勝大会が終わってこの日が最初の収録でした。］

福田　さぁ今日は！　すごいです！　このメールの数。
徳井　すごいなぁコレ。
福田　今までね、メールをいただいたらプリントアウトして、このファイルに入れてるんですけど、もう挟めないです。量が多すぎて。
徳井　全く挟めてないですね。
福田　メール、まだ増え続けてるんですって。
徳井　ねぇ。
福田　早速紹介したいと思います。東京の方、「ザ・ハシケン」さん。
「チュートのお二人さん、こんばんは。M－1優勝、ほんまにおめでとうございます。史上初の『完全優勝』（審査員が全員、「チュートリアル」の札を挙げたい何をされたのか、教えてください」その日の夜、二人はいっての優勝）という、見事な結果、素晴らしすぎます。

徳井　ありがたい。

福田　こんなに祝福されたことなかったですね、今まで。

徳井　なかってん。だから、よかったなと思って。

福田　はい。

徳井　この「キョートリアル！」を、ずっと聴いてくれてた人に対して、1回も「優勝しました」「1位を取りました」という報告が、できへんかったやんか。

福田　そうですね。

徳井　やっとその報告ができて、よかったなと思って。

福田　M－1優勝の夜はねぇ、お世話になってる先輩に電話をしようと思いまして。一番可愛がってもろてるのが、たむらけんじさんなんで、たむらさんにまず電話をしたら、「よかったなー」って、たむらさんが号泣し始めて。横に山崎邦正さんもいはって、邦正さんまで泣いてくれたっていうね。

徳井　僕は陣内智則さんに電話をね。一番お世話になってますから。やっぱ陣内ファミリーとして。

福田　陣内さんとあなた、大阪で同じマンションですからね。

徳井　Ｍ－１終わって、陣内さんにすぐ電話したんです。「おかげさまで取れました」って言うと、「あ、観てたよ」と。「よかったよかった、報われてよかったなぁ」みたいな。「ちょっと、一緒に観てたヤツに替わるから」って、陣内さんから替わったのが、「どうも。藤原紀香です」。

福田　うぉー！

徳井　「この人、紀香と観てたんや」と思ったら、その瞬間ねぇ、Ｍ－１取って、はしゃいでる自分が、ちっぽけに思えました。

福田　（笑）。

徳井　ほんで東京から大阪に帰る新幹線でね、ケータイ見てたら、お祝いのメールがいっぱい来てて。

福田　はい。

徳井　こんなにもかと。

福田　はい。

徳井　優勝したことをこんなに人が喜んでくれるのかと思って。Ｍ－１を優勝したこと以上に、ちょっとその、「よかったね」と思ってくれてる人がいっぱいいるというふうに、僕嬉しくなってしまって号泣ですよ。

福田　帰りの新幹線で。

徳井　帰りの新幹線で。

福田　メールを見ながら。

徳井　号泣ですよそんなもの。

福田　この方、茨木市の16歳、「まゆりん」さん。

「M－1優勝、おめでとうございます！　小学校6年生からファンだったので、とても嬉しくて、泣きそうです！」

福田　このメール見て、こっちが泣きそうになる。

徳井　ほんまに。

放送300回記念
デビュー当時のトーク音源を聴いてみる回。

（2007年12月29日放送）

「キョートリアル！」の前身の番組
「フリーウェーブ金曜日　チュートリアルの金曜ナマチュー」。
KBS京都にて2001年10月5日～2002年3月29日週1で放送していた。この「金曜ナマチュー」が終わり、翌週の4月4日「キョートリアル！」がスタートした。

福田　今週は放送300回記念ということで、リスナーの皆さんの要望にあった企画をやっていこうかなと。

徳井　リスナーの皆さんからは「第1回の放送を聴いてみたい」というメールがいっぱい来てましたて。

福田　それも「キョートリアル！」の前身の番組、「金曜ナマチュー」の第1回が、聴きたい、ってメールね。

徳井 はいはい。

福田 プロ野球ナイターオフのシーズンにやってた番組。初めて僕達が、ＫＢＳ京都でラジオをやらせてもらった。

徳井 うん。「金曜ナマチュー」までさかのぼると、もう全く記憶がないですね。だって僕らが、26歳の頃。

福田 今32歳やからな。６年前や。

徳井 26歳……大阪行って間もない頃や、俺。

福田 俺はまだ京都の実家におる時やな。ＫＢＳで放送終わったら、すぐ家帰って。

徳井 はいはい。放送が終わったらＫＢＳ社屋の前にね、リスナーの方がね、待っててくれましたよね。

福田 あの時、女子高生とか来てたで。

徳井 ほんまやな。

福田 制服姿の子が来てたな。

徳井 あの時に制服で来てた女子高生たちが、今ＯＬさんとかになってんねん。

福田 もう24、25歳に、なってるワケや。

徳井　ねぇ。
福田　さぁ、その「金曜ナマチュー」第1回。
徳井　うん。
福田　一体どういう生放送だったんでしょうか。聴いてみましょう、どうぞ。

「フリーウェーブ金曜日　チュートリアルの金曜ナマチュー」第1回

（2001年10月5日放送）

福田　はーいっ！　ついに始まりましたっ！
徳井　はいっ！
福田　僕がですねっ、チュートリアルのツッコミ担当っ、福田ですっ！
徳井　僕がチュートリアルのボケ担当の徳井ですっ！　お願いしますっ！
福田　ついに始まりましたねっ、我々地元の京都で！　ラジオを始めることができました！
徳井　僕ら二人とも京都出身で！
福田　そうなんですよ！

徳井　僕ら左京区の人間なんでね！　地元のKBSでレギュラー持たせてもらうのはっ、夢のような話で！
福田　3時間生放送ですからねぇ！　そして初冠番組！
徳井　そうなんですよ！
福田　「チュートリアルの」って付くか付かへんかでコレ、大きく違ってくる！新聞の見出しがね！
徳井　新聞の番組欄に自分らの名前が出るの、僕ら、初ですからね！
福田　幸せなことじゃないですか！
徳井　僕が老人になって、永遠の眠りにつく時に、最後の言葉は、「あ、俺らの初冠番組は、『チュートリアルの金曜ナマチュー』やったなぁ」って言うて……。
福田　いや、暗いなぁ！　お前！　オープニングトークでお前！
徳井　京都で永遠に語り継がれていくんじゃないかなと。
福田　うちの両親なんか今、思いっきり聴いてると思いますよ！
徳井　うちの家族も聴いてますよ！
福田　楽しみにしてますから。

徳井　朝、確認の電話がね。「今日、何時やった？」ってありましたからね。
福田　なるほどね。たくさんの京都の人に聴いてもらいたいんで！
徳井　はい！
福田　それでは行きましょう！
徳井　行きましょう！
福田　「フリーウェーブ金曜日っ」！
福田・徳井　チュートリアルの、金曜ナマチューーっ！

福田　何これ（爆笑）。
徳井　わーすごい……。お前、声全然ちゃうやん……。
福田　別人やなぁ。
徳井　酒焼けやって。最近声ガラガラやもん、お前（笑）。
福田　あと、声帯も歳とるって言うもんな。
徳井　福田、ヘリウム吸ってるみたいな声やった。
福田　高かったなぁ。
徳井　間がなかったな、やっぱ。お互いがもう会話の間を埋め合って埋め合って。

福田　もうちょい待って、「そうですね」って言うたらええのに。怖いのよね、間ができることが。
徳井　うわーすごいな。今の音源すごいわ。
福田　この初めての「ナマチュー」の放送前に、番組打ち合わせで、KBSの近所の喫茶店行って、カレー食ってん。
徳井　あぁ食うた！
福田　喫茶店のおばちゃんに「実は僕ら2人、ラジオ始まるんですよっ」て（笑）。
徳井　あぁ言うたわ。
福田　「聴いてくださいっ」って言うたの、思い出したわ（笑）。
徳井　あぁー。
福田　あれからもう6年なんですね……。

大喜利ジングル／プレイバック／2

2009 2008

【2008年】

●枚方市「さだごい」さんからのお題。「小学校の運動会のアナウンス、どこか大人びている。一体どんな感じ?」➡徳井 **次の障害物競走に出場される方は、のぼり棒の前に集合していただけると、ありがたいです。**

【2009年】

●香川県「はらへ」さんからのお題。「カツ丼を出しても自供しなかった犯人が、あるものを出すと、あっさりと罪を認めた。一体、何を出した?」➡徳井 **カツ丼に、ちょっと柚子胡椒を添えた。**

●大阪府「ナイナイの後輩」さんからのお題。「合コンで、みんなのテンションを一気に下げてしまう一言とは?」➡徳井 **なぁなぁ見た?　この店の裏、お墓やで。**

【2010年】

2010

●浪速区「ナイナイの後輩」さんからのお題。「旅館の女将が絶対に言わない一言とは?」➡徳井 **へぇ。不倫ですか?**

●浪速区「ナイナイの後輩」さんからのお題。「この卒業式、全く感動しない。一体なぜ?」➡徳井 **リハをしすぎている。**

●滋賀県「秋海棠」さんからのお題。「ヒーロー戦隊5人組に、アンケート調査を行ったところ、2割近くが、脱退を考えたことがあった。その理由として、一番多かった意見とは?」➡徳井 **敵が本当に怖い。**

●徳島県「はらへ」さんからのお題。「この蛇口、ひねると変なものが出てくる。一体、何が出てくる?」➡徳井 **ため息。**

●堺市「なにわファイターズ」さんからのお題。「甲子園に棲んでいる魔物って、簡単に言うと、どんなもの?」➡徳井 **遠目に見たら、もうほぼフェレットみたいなヤツ。**

●滋賀県「フランスの味噌汁」さんからのお題。「現代版桃太郎が、きび団子の代わりにお腰につけているものは?」➡徳井 **ぷっちょ。**

2011

●大阪府「なにわファイターズ」さんからのお題。「このアナウンサー何かイラッとするなあ。一体どうして?」
⬇徳井 **口元にカスタードクリームついてる。**

●奈良県「ラーメン娘」さんからのお題。「『校庭に犬入ってきた!』みたいな、少しテンションの上がる言葉を、教えてください」
⬇徳井 **うわ、見たことあるAV女優が、ドラマのちょい役で出てる!**

●滋賀県「フランスの味噌汁」さんからのお題。「おじいさんがハイジに大激怒。ハイジはおじいさんに、一体何と言った?」
⬇徳井 **おじいさんも所詮、男なんでしょう?**

●秋田県「すじこ」さんからのお題。「中2男子がハマる、くだらない遊びを開発してください」
⬇徳井 **友達の眼鏡を思いっきり上に投げて、取れるか。**

【2011年】

●茨城県「よしい」さんからのお題。「マクドナルドが新発表。スマイルに続く、0円の商品とは?」
⬇徳井 **お世辞。**

●島根県「たけひさ」さんからのお題。「地球について研究している宇宙人が、どうしても腑に落ちないと思っていることとは?」
⬇徳井 **押すなよ押すなよって言ってるのに、なんで押すのか?**

【2012年】

●大阪府「キモショウ」さんからのお題。「この幽霊、全然怖くない。一体どんな幽霊?」
⬇徳井 **手荷物が多い。**

●島根県「たけひさ」さんからのお題。「織田信長が、本当に親しい者だけに許していたこととは?」
⬇徳井 **「のぶさん」と呼ぶこと。**

●八幡市「ポテンシャル」さんからのお題。「『落ちた食べ物でも、3秒以内に拾って食べればセーフ』に続く、新しい3秒ルールは?」
⬇徳井 **浮気現場が見つかっても、3秒以内にパンツを穿けばオッケー。**

●兵庫県「6枚のとんかつ」さんからのお題。「ファブリーズでも消せない臭い。一体、どんな臭い?」
⬇徳井 **吉本臭。**

●滋賀県「フランスの味噌汁」さんからのお題。「言い方を換えただけでエロく聞こえる言葉を教えてください」
⬇徳井 **おペペロンチーノ。**

2012

千本今出川、嵯峨野「広沢池」徳井が幼少時代を過ごした借家の話。一方、修学院の公務員一族のお坊ちゃん・福田。

（2008年11月1日放送）

［対照的な二人の、幼少期エピソード。］

福田　茨城県の「よしい」さんです。

「お二人さん、こんばんは。我が家では、ひ孫や孫の運動会、遠足、月見など、イベントがあると84歳の祖父が赤飯を炊きます。お二人は何かイベントがあると必ず食べていたもの、ありますか？」

徳井　まず、僕はちっちゃい頃、借家住まいやって。

福田　借家暮らしやった時、あるの？

徳井　そうやで、小学校上がるまではずっと借家暮らしで。

福田　あーそうか。俺、小学校からお前ん家行ったから。そん時はもう、立派な家あるイメージ。
徳井　一番最初に住んだ借家は、千本なんですよ。千本通。
福田　へぇえ。
徳井　千本今出川や。まだ今でもあんねんけど、千本今出川の「千本ラブ」って商店街。その近くのちょっと奥まったとこに、ほんまの長屋。昔ながらの。
福田　はい。木造の。一階建の。
徳井　そうそう。そこに僕は最初、住んでたんですよ。
福田　ほな菊の花幼稚園には、転校してきたの？（福田と徳井は、菊の花幼稚園からの幼馴染み）
徳井　うん。
福田　あー、そうやったんか。
徳井　でね、うっすらと覚えてんの。やっぱ記憶がちゃんとあんねん。千本今出川には、3歳くらいまでしか住んでない。
福田　うん。
徳井　2年前、家族で飯食いに行って、「懐かしいなぁ」言うて、親父と千本今出川を通ってん。で、「ちょっと家、見ていこか」言うて、久しぶりに長屋行ったら、俺、記憶が蘇ってきて。

福田　うん。

徳井　ほんまふわーっと。フラッシュバックのように「あぁ俺、この細い道を走ってたなぁ」とか。

福田　へぇー。思い出すもんなんや。

徳井　うん。ボロッボロの長屋やで？　それから引っ越して、今度京都の嵯峨野の、広沢池の近くの。一軒家の借家に引っ越したんですよ。そこも借家で、幼稚園まで過ごして。

福田　うんうん。

徳井　で、佛教大学附属幼稚園ってところから、菊の花幼稚園に転園したんですね。

福田　あー、そうやったんや。

徳井　そうなんですよ。幼稚園中に僕、転園してるんです。

福田　ほな、４歳か５歳くらいで修学院来たんか。

徳井　そう。

福田　なるほどなるほど。

徳井　それで、嵯峨野の家に住んでる時に、まだ借家やし、親父も何か会社を起こしたばっかりで、お金もないし。でもたまに、2か月に1回くらい、外食する日があってん。

福田　あー、ええなぁ。

徳井　家族で。お金ないながら。

福田　うん。

徳井　ファミリーレストランの「さと」って、あるやん？

福田　和食のファミリーレストラン。はいはい。

徳井　和食の「さと」。あそこに行くねん。もうそれがもう、俺唯一の楽しみで。

福田　ああぁ。

徳井　で、「さと」に行った時だけ、エビフライ食えるねん。

福田　なるほどなぁ。

徳井　このエビフライが嬉しいて。それはもう特別でしたね。だから俺、今でもエビフライ好きやん？

福田　あーわかるわぁ。俺の子供の頃で言うと……食べ物じゃないけど、病院行って予防接種やるの、イヤやん？

徳井　うん。

福田　ちっちゃい時、京大病院に行って、注射。イヤやけど、注射打ったら、親が近所のおもちゃ屋に連れて行ってくれて、トミーのミニカーを買ってくれてん。あれが嬉しかったなぁ。

徳井　………。お前んとこ、やっぱり……公務員一族だけに、ちっちゃい頃も安定してるなあ（笑）。

福田　安定してる（笑）。

徳井　ミニカーとか、ええなぁ、それ（笑）。

番組HP
より

Blog Back Number

徳井：最近少量ではありますが、毎日のように酒を飲んでいます。睡眠時間は平均3時間です。これはあかん、クセになる前にやめます。（2007.09.11）

福田：最近一人暮らしの東京の部屋にゴキブリがでるようになりました。ショックです。部屋に帰るのが非常に怖いです。（2007.11.10）

福田：本当に相方はたくさんの週刊誌に撮られるな～。俺、1回も撮られてへんのに……。確かに居酒屋で1人で飲んでるところ撮っても絶対記事にならへんもんね～。（2008.02.16）

徳井：久々に福田を僕の車に乗せた。気持ち悪かった。（2009.08.01）

詩仙堂。八大神社。狸谷山不動院。地元民のお正月、初詣。

（2009年1月3日放送）

［あと下鴨神社、八坂神社。
徳井も福田もツレも、デート相手のお姉ちゃんも
地元のみんなの初詣、のお話。］

福田　「最初はグー、ジョンケンヌッツォー」さんからのメールです。
「お二人は初詣は、どこに行ってましたか？」

徳井　はいはい。

福田　俺、子供の頃は狸谷山不動院。

徳井　あぁー。

福田　下り松（一乗寺下り松。宮本武蔵と吉岡一門の決闘の場所でおなじみ）のところの坂を、上がっていって。

徳井　狸谷ね。あそこの近所には他にも、庭が有名なお寺、何やったっけ？
福田　あ、詩仙堂。
徳井　詩仙堂ね。
福田　詩仙堂のちょい奥が八大神社やねん。八大神社が、竹、竹内君やっけ？
徳井　なに？
福田　俺らの同級生に、神主がいたやん。
徳井　神主っ⁉
福田　うん、家が……八大神社のセガレで。背の高い人。小学校で一緒やったと思うんやけど。
徳井　それ、あだ名、タケけ⁉　顔にホクロあるヤツやろ？　タケやんけ、それ。
福田　そうそうそう。
徳井　走り方気持ち悪いねん、アイツ（笑）。でも足速いねんけど（笑）。
福田　背高いやろ？
徳井　背高い。高い。
福田　あーそうや！　タケ！
徳井　小学校で一緒やって、中学は……タケなぁ、めっちゃ頭ええねん。だから立命館とか同志社の中学に行った可能性があるわ。

福田　あいつの家、八大神社で、遊びに行ったらポメラニアン飼うとってん。俺、犬苦手やったけど、タケが「ポメラニアンやから大丈夫や」って言うて、けどポメラニアン、アホみたいに吠えるねん。で、怖ぁて怖ぁてしゃあなくて。追いかけ回された記憶しかない。ほんでたぶんアイツ今、神主。

徳井　へぇーすごいなぁ。タケ、神主顔やわ。そういや。

福田　顔（笑）。

徳井　いや、マジでマジで。ちょっと平安京みたいな顔してんねん（笑）。

福田　ありがたい感じのな（笑）。

徳井　インパクトのあるホクロで、タケ、タケって言われてたけど、たまに「ホク」って呼ばれててん（笑）。すごいなー。タケ、神主さんかぁ。

福田　うんうん。

徳井　詩仙堂行きたいなぁ。お姉ちゃんとデートで行ってん。詩仙堂って、そのもっと上に上がって行けるやん？　山を登っていくから、プチ夜景が見えるねん。

福田　あーそれ、狸谷山不動院。

徳井　あ、それか。あの駐車場のとこ？

福田　そうそう。詩仙堂越えて、右手に八大神社、そのさらに上に登ると、狸谷山不動院。
徳井　俺よく、彼女を家に送っていく時にさぁ、狸谷の駐車場のとこで車停めて、ちょっと一緒にいようかって、プチ夜景見て。
福田　あそこ、そやな、あぁ懐かしいなあ。
徳井　懐かしい。初詣、詩仙堂行こうかな。
福田　俺、子供の頃から初詣は、狸谷山不動院やったし、下鴨神社も行ってたし。
徳井　俺、祇園でバイトしてた時、お正月は八坂神社に行ってたわ。
福田　うんうんわかる。

千枚漬けは、京都市民で買い占める。

（2009年1月17日放送）

［千枚漬け、賀茂なす、九条ねぎ。漬物と京野菜を讃えるお話。］

福田　大阪府堺市「ポンセのお鬚」さん。

「お二人さん、こんばんは。お漬物は好きですか？　私はダントツで千枚漬けが好きです」

徳井　千枚漬けうまいなぁ。あれ、かぶらやんな。

福田　うん、かぶら。千枚漬けはうまい！　千枚漬けって、神々しさというか、高級感があるやろ。食卓で漬物ってサブのイメージやけど、千枚漬けはメインを張ってる雰囲気があるよな。

徳井　薄い千枚漬けじゃなくて、分厚めの千枚漬けが好きやねん。噛み応えのあるヤツ。ガブッていけるヤツ。

福田　あるある。

徳井　あれ好きやわぁ。甘めと、甘さ抑えてんのと、あるやん？　どっちが好き？

福田　甘くないヤツが好き。

徳井　俺も甘くないヤツが好き。意外と全国の人って千枚漬けのうまさ知らんやろ。

福田　俺ら、京都人やから知ってるねんな。

徳井　うん。千枚漬けって、京都以外の地域では「メジャー漬物」として出てくるものじゃないから。みんな知らんねん、千枚漬けの美味さを。

福田　そうそう。

徳井　だから、これは秘密にしとこう。千枚漬けは京都人だけが食べたらええねん。
福田　千枚漬けは地元民だけのもの。
徳井　京都は野菜がうまいから、漬物もうまいんかな。
福田　あと水な。
徳井　そうそうそう。それで、名前がええやん。「千枚漬け」っていう名前。
福田　あれ、かぶらを1個な、千枚におろしてるかって言うたら、おろしてないで？
　そこまで薄くは、おろしてへん。でも「千枚」っていうな。これがいい。
徳井　漬物界の十二単やからな。
福田　あ、上手い。京都の野菜って、京人参とか賀茂茄子もあるで。
徳井　ネーミングがいいわぁ。京人参、「京」つけただけで、人参があんなにもハイグレードなものに聞こえる。
福田　賀茂なす。九条ねぎ。
徳井　万願寺唐辛子。
福田　うわ最高！（笑）

岩倉の洋食屋「グリル宝」。

（2009年4月11日放送）

「地元の家族も、学生も。みんなの行きつけ「宝」。今も元気に営業中。」

福田　高槻市の「渚」さん。「お二人さん、こんばんは。私は岩倉の高校に通っています」

徳井　じゃあ、あれやな。高槻からJRで京都駅で乗り換えて、地下鉄乗って、国際会館駅まで行って、駅から学校まで、徒歩やな。

福田　遠いよ、なかなか……。「私は『グリル宝』に、部活帰りや休講の時行っているので、昔はお二人とも行っていたと知って、めっちゃビックリしました」

徳井　うんうん。

福田　グリル宝は洋食屋さんですね。僕ら、そこによう行ってたんですけども。「2週間前、ソフトクリームを食べに行った時に、お店のおじさんが『この間、徳井君来とったよ。2階やけどな』と教えてくれはりました」（笑）。

徳井　はいはい（笑）。

福田　「1階は日替わりのソフトクリームなのでいつも楽しみなのですが、お二人は何の味が好きですか？　それか店内のがっつり系を食べてはりましたか？」

徳井　まあ彼女が通ってるのは、あの進学校でしょうねぇ。

福田　同志社高校やろうな、たぶん。

徳井　宝のソフトクリームなんて、俺食ったことないわ。

福田　宝の店頭のところでも、売ってるんちゃう？

徳井　あぁー軒先みたいなとこで、売ってる感じな。

福田　そうそうそう。

徳井　宝では僕もう、カツ丼か、チキンカツ・オニオンソースしか食わへんからな。2種類でローテーション。

福田　俺もまあ、チキンカツ・オニオンやな。

徳井　チキンカツは、オニオンとトマトソースがあったけど、みんなオニオンやったやろ。

福田　たまに日替わりメニューとか、いろいろあって、たいがい俺ら行ったの土曜日で、学校早よ終わって、カツ丼の大を頼んだ時のスケールのデカさに、みんな一瞬とまどう、っていう（笑）。

徳井　カツ丼も安いよな。

福田　安かった。

徳井　僕のまわりのヤツら、6割7割カツ丼やったと思いますよ。

福田　学生はうちの北稜の生徒と、同志社の子達。

徳井　工事やってる現場のおっちゃんとかも来てたなぁ。

福田　リスナーの皆さんも、ぜひ行ってもらいたいですね。

徳井　美味しいですからねぇ。

京都が首都に。あなたは賛成？　反対？

（2009年4月18日放送）

［徳井が提案する「京都首都構想」。京都人リスナーは果たして賛成か？　反対か？］

徳井　「徳井総理と呼ばないで〜」
福田　徳井総理の制定する世直し法案へ、皆さんの世論を送っていただくコーナーです。今回の徳井さんの提案は、「京都を首都に」ということで。
徳井　そうですね。非常におおざっぱな法案を、提示しましたけども。
福田　皆さんの反応は、いかがなもんでしょうか。
徳井　はい、メールいっぱい来てますねぇ。「京都育ちの白紫陽花」さん。「この法案には正直、賛成できしまへん。別に、京都が首都になることが、イヤなんやあらしまへんえ。ただ、新しい建物を建てなあかんとかで、京都の町をお役人さんや政治家さんに、変に踏み荒らされとうないだけどす。京都は、ずっとお留守にしてはる天皇さんが、帰ってきはるだけで、よろしいんやないかと。首都は大阪にでもしてもろうて、帰りに京都に寄ってもらうくらいが、ちょうどいいんとちゃいますやろか」
福田　うん。
徳井　この方、西陣生まれなんですね。
福田　なるほどね。正直に言いますが、僕も京都が首都になんか、なってほしくないです。

徳井　僕も一個人としたら、そうですね（笑）。

福田　首都の誇りなんかいらないですもん。「京都は京都である」という誇りが、「首都」より上ですから。

徳井　確かにね。で、政治の中心が京都に来たらね、こういう問題もあるんですよ。「ナツカ」さん。

「首都が京都に移ると、江戸時代のように賑わうのはいいんですが、実際京都は道が狭く、古い建物は文化財が多かったり、景観問題から高層ビルへの建て直しができません。首都機能全部を受け入れるだけのスペースがないと思います。それに、もし政情がおかしくなって、外国から狙われた場合、真っ先にターゲットになるのは首都です。ミサイルはイヤです」

福田　そらそうや。今の時代を反映してるな。

徳井　ねぇ。

福田　京都の町の重要な文化財が、ミサイルで燃えるのはイヤや。

徳井　確かに首都は狙われますね。景観問題でいうなら、高層ビルを建てるどころか、京都の電線、全部地中に埋めたいくらいやねん。

福田　ほんまにそやな。

福田のおばあちゃんのお話。

（2009年4月25日放送）

［思春期の福田とおばあちゃんと、お弁当。］

福田　「千歳」さん。17歳の方ですね。
「お二人さん、こんばんは。高校生になり、お昼はお弁当なんですが、最近ふと、学校の給食が恋しくなります。私の地域では、小・中共に給食センターで作られていました。中学時代のめちゃめちゃ甘口のカレーが懐かしいです。お二人が好きな給食のメニューは何でしたか？　私は、サバの味噌煮が好きでした」

徳井　カレーはうまかったな。

福田　俺ら、給食は小学校だけやったな。中学は弁当やったな、もう。

徳井　そや、弁当やったな。おかんは大変やったろうな。中高6年間も、毎朝毎朝弁当作ってくれて。

福田　でも俺、「ありがとう」も言わんしさ。「うまい」も言わんしさ。文句ばっかり言うて。「俺あれ、好きじゃないのに、なんで弁当に入れるの」みたいなこと、言うてた記憶があるわ……中学の時。

徳井　俺は意外と、弁当に文句つけたことなかったな。

福田　中学の時なんやけどな……俺、いつも朝、弁当を持って出るの、忘れる人間やってん。いつもおかんが、玄関のトコに弁当を置いてくれてるんやけど。俺が急いで、わーって出て行くから、弁当を持って出るのを忘れて、学校で気づくパターンが多かってん。「あ、忘れた」って。けど「まぁ別にええわ」と。

徳井　学校で、パンも売ってるし？

福田　うん。けど家にいた、うちのばあちゃんは年寄りやから、弁当を忘れるなんて一大事やねん。「あぁ、あの子、お昼食べる物がない、えらいこっちゃ」ってなるから……俺が弁当忘れるたびに、ばあちゃんが学校に持ってきてくれててん。ばあちゃんが先生に預けてくれるんやけど。先生が教室に来て、言うやん？「福田、おばあちゃんが弁当持ってきてくれたぞ」って。クラスのみんなの前で言うのよ。恥ずかしいやん？

徳井　まあな。

福田　俺、家帰って、いつもばあちゃんに、「持ってこんでええから」って、ぶっきらぼうに言うて。でも、毎回弁当忘れるたびに、ばあちゃんが持って来るねん。で、ある日ばあちゃんが入院したんですよ。意識不明になって。俺、お見舞いに行ってたん。

徳井　うん。

福田　病室は個室じゃなくて、大部屋で。俺が行くと、うちのばあちゃんはベッドで寝てて。ほんなら隣のベッドのおばちゃんが、「お孫さん？」って、話しかけてきて。「はい」って答えると、「もしかして、みっちゃん？」って。

徳井　うん。

福田　「はい、充徳です。なんで僕の名前知ってるんですか？」って訊くと、「あなたのおばあちゃんが、意識不明の中で、よく寝言で『みっちゃん、お弁当持ったか？　みっちゃん、お弁当持ったか？』って、言うてはったから」。俺、うわーってなって。なんで「弁当もう持って来るな」なんて、言うたんやろうって。

徳井　泣きそう。お前、学生時代ほんま、そんな感じやったな、家族に……。

福田　ごめんなさい。

京都府立北稜高校OBたちの、地元民トーク。

（2011年2月26日放送）

「膵炎で入院中の福田に代わり
番組にゲストで登場したのは
徳井・福田の北稜高校時代の同窓生たち。」

この回の登場人物

徳井＝漫才コンビ「チュートリアル」ボケ担当。

辻野＝徳井が高校時代に組んでいた漫才コンビ「赤とんぼ」の相方。京都府亀岡市で整体癒し処『こらんこらん』を経営。

瀬戸＝徳井と一緒にNSC（吉本総合芸能学院）に入った、漫才コンビ「チューイング」の相方。会社員。

岡　＝徳井とは中学からの友達。京都・寺町今出川下ルのハンバーガー屋「グランドバーガー」を経営。

下村＝徳井とは高校1年からの友達。京都の居酒屋「のみくい　またり」経営（現在は閉店）。あだ名は「シモギュウ」。

徳井 最近ね、福田さんが膵炎でお仕事を休んでおりまして。ついにですね、とんでもない方々がゲストに来られました。僕と福田君の、地元の友達４人です。では紹介していきましょうか、トントンと（笑）。まずはですね、私の学生時代の初代相方・辻野康司さんです。お願いいたします。

辻野 どうもこんばんは、「赤とんぼ」でーす。

徳井 そうです（笑）。この番組でも何回かね、辻野君と僕で、高校時代に「赤とんぼ」というコンビをやっていたことは、話してたんですけども、その辻野君ですね。そして、僕をＮＳＣという、吉本の学校に強引に引きずり込んだ、瀬戸勝弘君です。

瀬戸 こんばんは、瀬戸でーす。

徳井 はい、瀬戸君ですね。瀬戸君も、何回もこの番組で名前が出てるんですけども。さぁそしてですね、僕とは中学からの同級生で、今、京都で「グランドバーガー」というハンバーガー屋さんを経営していらっしゃいます、岡正大さんです。

岡 こんばんは、岡ですー。よろしくお願いしますー。

徳井　そして、僕とは高1から同じクラスで、今は「またり」という居酒屋さん。居酒屋さんでよろしいんですかね？

下村　はい、居酒屋です。

徳井　居酒屋さんをやってらっしゃいます、下村裕太郎さんです。

下村　こんばんはー。

辻野　僕の店の紹介がないんですけども。

徳井　辻野さんは癒し処『こらんこらん』ですか、京都府亀岡市で整体屋さんをやってらっしゃいますけどもね。皆さんよろしくお願いします。

4人　よろしくお願いしまーす。

徳井　皆さん放送が始まるさっきまで、どうしようもない下ネタで盛り上がってらっしゃいましたけども（笑）。

4人　（爆笑）。

徳井　このメンバーは、何度となくこのラジオで、実名で話題に出てますから。お前らの許可なしに。がんがん実名で（笑）。

4人　（大爆笑）。

徳井　例えばこのメンバーで、キャンプに行った時の話な。あれ何湖やっけ？

下村　屈斜路湖（北海道東部にある湖）。
徳井　うん。屈斜路湖で、「帰ろうか」って朝に、シモギュウ（下村）がテントから一番に出て、ほな「ギャー痛い」って、はっきり叫んで（笑）。
下村　スズメバチにバッサリ刺されてね。
徳井　スズメバチに刺されて（笑）、急いで病院に連れてって。で、医者に診てもらって、病院から出てきたシモギュウが、「俺、次ハチに刺されたら、死ぬらしい」って、青ざめて言うたという……（笑）。
岡　楽しかったよね（笑）。
徳井　楽しかったなあ（笑）。あの時俺ら、めっちゃ面白かってんけど、あんまり笑ったら、シモギュウ本気で怒ってたからな、堪えたけど（笑）。
4人　（爆笑）。
徳井　あらためてリスナーさんに説明しますと……もともとは辻野君なんですよ、僕の仕事が、お笑いになってしまったきっかけは。
辻野　なってしまったね。
徳井　お前覚えてる？　お前と俺で、「ティーアップさんの漫才をやってみよう」ってなって。

辻野　うんうん（笑）。

徳井　そんで、ちょっとやってみたら……それまで俺、辻野のこと「普通の人」やと思っててんけど、やたらと辻野、漫才口調になって（笑）。俺にダメ出しをするようになって（笑）。

辻野　あの時、徳井は全然やる気なかったよな？

徳井　ないやろ普通。まぁ、それが「赤とんぼ」というコンビなんですけど。あちこちの教室にゲリラで入って、漫才して。今思ったら、怖いな（笑）。

辻野　怖いなぁ（笑）。

徳井　俺ら、その頃はよその教室行って、2人くらいがちょっとニコっとしただけで、「ウケた」と思ってたから。

辻野　思ってたよな（笑）。

徳井　ほんで他のヤツらも漫才始めて、学校内がプチ漫才ブームみたいになったんですよね。文化祭にも出たりして。

辻野　コンビが4、5組おったよね。

徳井　瀬戸も漫才を始めて。なんと僕ら「赤とんぼ」と、瀬戸のコンビは、「天才・たけしの元気が出るテレビ!!」(日本テレビ。出演・ビートたけし、松方弘樹 他)

の、「元気が出るお笑い甲子園」（全国の高校生漫才コンテスト企画）に応募して……。

4人　そうそう（笑）。

徳井　瀬戸は学校で1、2を争うかわいい女の子・愛ちゃんと「ホームルーム」ってコンビで応募して……。

瀬戸　やりましたやりました。

徳井　で、「ホームルーム」が「お笑い甲子園」で、優勝するんですよね！

4人　そうそうそう！（笑）

辻野　僕らは予選落ちちゃったけどね（笑）。

徳井　俺らは2次予選で仏壇のネタやって、えらいスベって終わりやったな。

4人　（笑）。

徳井　そのあと、優勝した瀬戸が「NSC（吉本総合芸能学院）に入りたい」って、俺に言うて。

瀬戸　そうそう。

徳井　ほんで瀬戸と俺2人で、NSCに入って。2人で1年間通った。で、卒業公演が終わって、次の日や。瀬戸が「俺は芸人にならへん」て、言うてん。卒業公演の次の日の夜、俺が家おったら、ピンポン鳴って。瀬戸が泣きながら来たんや、俺ん家に。泣きながらやで？

瀬戸　泣いてたか？

徳井　泣いてたよ（笑）。

瀬戸　泣いてたか（笑）。

東日本大震災。

（2011年3月26日放送）

「3月11日に発生した未曾有の大災害・東日本大震災。
この日の放送が震災後、初めての収録であり
福田が膵炎の治療から復帰してまもなくのことだった。」

留守番電話・応答メッセージ音声

《「キョートリアル！」留守番メッセージサービスです。メッセージをどうぞ》

徳井　こんばんは、徳井です。日本は今大変なことになっていますが、ひとりひとり

ができること、皆で協力し合えること……やっていきましょう。

徳井 留守電ね……こういう大地震がありまして。本当にもうね、今もね、被災地で避難生活をしてらっしゃる方が、いっぱいおられますしね。

福田 はい。

徳井 その他にも、計画停電やなんやかんやで、東日本が大変な状況で……。

福田 なんとかちょっとでも協力できることをね。被災地のために、電気を貯めたりできるの？

徳井 いや電気って、貯められないんですって。

福田 そうなんや……。

徳井 例えば日本の、特に都会の夜は明るい。海外に行くと思うんですけど、やっぱり夜、町暗いねんな。

福田 うん。

徳井 こんなに明るいのって、なかなかないんですよね。

福田 今後また余震が来るかもしれんし。

徳井 地震にしても、想定外やったワケやんか。人間の想定できることなんて、たかが知れてるなって気がしましたね……。

よしもと祇園花月、オープン。

（2011年6月18日放送）

「徳井自身「青春の思い出のCK Cafeのビルにまさか花月ができるとは。運命的なもんを感じた」と語る京都の新名所・祇園花月のお話。」

《国内でも稀有な名画座だった祇園の映画館「祇園会館」は、やがて京都の若者を熱狂させるディスコ「マハラジャ祇園」になり、徳井が芸人になる前にバイトをしていた「CK Cafe」になり。時代を映す鏡のように姿を変えてきた祇園会館ビルに、この度、吉本興業が運営するお笑い専門劇場「よしもと祇園花月」がオープン》

福田　「恋バナのエリカ」さんからのメールです。
「今度、祇園花月のライブを観に行きます。人生初の生漫才で、大好きなチュートリアルさんの漫才が観られるなんて、めっちゃ嬉しいです。楽しみにしています」

徳井 ありがとう。

福田 これ、ちょっと前にいただいたメールなんで、もう観に来ていただいた後やと思うんやけど、祇園花月がついにオープンしまして。

徳井 そうですねー。

福田 僕達も出してもらいましてね。

徳井 祇園花月いいですねぇ。

福田 漫才やりやすいなぁ、劇場の作りが良くて。

徳井 楽屋もいい感じやし。出演した2日とも、いくくる師匠（漫才師「今いくよ・くるよ」）が一緒やってね。

福田 2日ともな。

徳井 いくくる師匠がいはると、楽屋の雰囲気が明るくていいですねぇ。

福田 そうやなぁ。

徳井 「パン食べよしアンターっ」とか言うてくれて（笑）。「コーヒー飲みよしっ！」とか……優しい親戚のおばちゃんに会ったみたいな（笑）。

福田　あれが本当に、あるべき吉本の楽屋の姿やって思うな。
徳井　素敵よなぁ……あの、祇園花月の横のお店な……？
福田　うん。えーっとね、今度また、その話の模様は、テレビ番組で放送されるんですけど。
徳井　あの祇園花月の隣の、お鍋屋さんな。
福田　うん。いくくる師匠が25年ぶりに行かれたお店。
徳井　25年ぶりに、いくくる師匠が、そのお鍋屋の女将さんと再会してね……ノスタルジックな、いい話でしたよねあれ。
福田　「時が止まる」っていうやんか、再会すると。ほんまそんな感じやったなぁ。
徳井　お互い若い頃に、お鍋屋さんを必死に切り盛りしてる女性と、芸能で頑張ろうって言いながら、生活支えるために祇園のスナックでバイトしてた、いくくる師匠と……。一緒に戦ってきた者同士が、20年以上の時を経て、また再会するっていう……あれはええよなぁ。
福田　よかったなあ。ほんで再会の舞台がまた、ちゃんとあの時と同じ祇園やからな。感慨深かったねぇ。
徳井　うん、ほんまに……。

北白川バッティングセンター、閉館。

（2011年12月24日放送）

［「キタバチ」の愛称で、京都のゲームセンターの聖地として親しまれた北白川バッティングセンターが、閉館。］

福田　我々からすると寂しいニュースというか、メールが来てるんですけど。こちら、「エンドウ豆」さん。

「ローカルネタですが、北白川にあるスポーツランド、通称『キタバチ』が、2011年11月28日に閉店されました。僕らの時代にはゲーム機もたくさんあって、若者の遊び場でした。跡地にはスーパーができるみたいです。チュートリアルのお二人も、思い出があるんじゃないですか？」

これね、京都新聞のWEB版ニュースにも載ってます。タイトルが「青春『キタバチ』さらば。創業40年左京の娯楽施設」。

徳井　40年……。

福田　「昭和の創業から、インベーダーゲームやビリヤードをはじめとするゲームを時代に先駆けて取り入れ、若者の人気を集めた老舗娯楽施設……」。

徳井　僕のツイッターにも、「キタバチ閉まりますよ」って、フォロワーからＤＭがいっぱい来ててん。

福田　あ、そうなんや！

徳井　俺も、終わるまでに１回行っておきたいと思ってたんやけど……そうかぁ。

福田　終わっちゃいましたね……。

徳井　バッティングもあったし、カラオケもあったしな。カラオケボックス出だしの頃な、１００円払って歌うヤツ。ちっちゃいボックスがいっぱい並んでて。

福田　そうそうそう。ねぇ……京都の、特に左京区の人間は、絶対行ったことあると思うからな。

徳井　寂しいわ。

福田　いろんなものがなくなっていくな……。芸人でもな、サバンナさん（お笑いコンビ「サバンナ」。八木真澄・高橋茂雄。二人とも京都府出身）がキタバチの話、してたしな。

徳井　八木さん言うてたもんな。

福田　あれ「アメトーーク！」やっけ？

徳井　「アメトーーク！」やで、せやで。「アメトーーク！」で、八木さんの口からキタバチという単語が出ましたからね。全国放送で（笑）。

福田　ほんまやなぁ。

京都ヤサカタクシー。乗ると幸せになれる？四つ葉のクローバー号。

（2012年2月25日放送）

「京都市内で観光や市民の生活の足として親しまれているヤサカタクシーは白とえんじ色のボディカラーと、三つ葉のマークが目印。そんな中、四つ葉が描かれたタクシーが存在するらしい。」

福田　「まゆみ」さんからのメールです。
「先日、徳井さんがツイッターで、『四つ葉のタクシーに乗った』というツイートをされていた日、私は偶然、それに乗り込む徳井さんを目撃しました」

徳井　あ、ヤサカタクシーね。

福田　「四つ葉のタクシーを目撃して、めちゃくちゃテンションが上がって、そのありがたいタクシーに乗り込まれたのが徳井さんで、余計ビックリしました」

徳井　祇園花月の出番が終わって、タクシー呼んだのよ。そんで俺、四つ葉のタクシーって気付かずに乗っててん。タクシーに乗り込んで、走り出そうかって時に、タクシーの外で、周りの人がワァワァ言うてるねん。

福田　お前、「自分が人気者やから」と思った？（笑）

徳井　うん、「人気者やから」と思って、ワァワァ言う声に耳を傾けてみたら、「四つ葉！　四つ葉！」って、みんなが言うてて（笑）。

福田　徳井に騒いでるんじゃなかったんや（笑）。

徳井　そう、そっちじゃない。「四つ葉ですよ！」って、みんなが俺に言うてはって、俺も車内で、「えぇっ！」ってなって。「うわ、すごいな！」って思って、運転手さんに「これ四つ葉なんですか？」て訊いたら、「そうなんですよ実は」って。これね、本当に珍しくて、ヤサカタクシーって１４００台あって、四つ葉のマークが描かれてるタクシーは、４台らしくて、しかもヤサカタクシーって基本はえんじ色やん？　俺が乗ったのは黒のタクシーで、黒ボディの四つ葉は、１４００台中、１台だけなんやって。

福田　ほんまにたったの１台なんや（笑）。

徳井　そう。んで、乗車記念にシールをくれはんねん。四つ葉のタクシー乗ったら。

福田　選ばれし者やな。

徳井　そう！　ほんでな、祇園花月出て、東山通を南に向かって走ってたんやけど、道歩いてる人が信号待ちのタクシー見つけて、「四つ葉や四つ葉！」って、みんな気付くねん。四つ葉を指さしてるねん。

福田　それだけでラッキーやもんな、四つ葉のタクシー見れただけで。

徳井　そうそう。四つ葉のタクシーの運転手さんは、もうずっと四つ葉なんやって。

福田　あ、同じ人なんや？　その四つ葉のタクシーの黒のヤツに乗るのは、ずっとそのドライバーさんなんや？

徳井　そう。で、しかもその運転手さんと喋ってたら、「僕もね、徳井さんたちみたいな業界にいたんでね」って言うて。「えぇっ」ってなって、訊いたら、なんとその人が、昔このKBS京都で働いてはったという。

福田　え、スタッフさん？

徳井　うん。ほんで「僕今、KBSで番組やらせてもらってるんですー」って言うたら、「あ、ほんまですか？」って言うてはって。

福田　あ、それは知らんかったんや（笑）。

徳井　それは知らんかった（笑）。

北白川バッティングセンターとベルシャトウ北白川。閉店した2大スポットを懐かしむ回。

（2012年10月13日放送）

［番組ゲストはサバンナ八木さんです。］

福田　僕達の地元・京都市左京区にあった北白川バッティングセンター（通称「キタバチ」）と、ラブホテル・ベルシャトウ北白川。2つの思い出のお店を語り合います。僕達と一緒に振り返ってくれるスペシャルゲストの方を紹介しましょう。サバンナの八木さんです！

八木　ブラジルの人聞こえますかーっ！　京都の人聞こえますかーっ！

徳井　出た（笑）。

福田　まさかこんな狭いブースで、ギャグやってもらえるとは（笑）。

徳井　ブラジルの人に聞こえたら、京都の人には絶対聞こえてますからね。

八木　このコーナー呼んでくれて、ほんま嬉しいわぁ。
徳井　やっぱ八木さんもキタバチは……？
八木　俺、ど真ん中やで。
徳井　まぁそうですよね（笑）。
福田　八木さんは昭和49年生まれ、僕らの1個上ですね。
八木　そうそう。
福田　けど八木さんは、京都府京田辺市出身じゃないですか。京都市左京区、遠いでしょ。キタバチやベルシャトウの思い出、あります？
徳井　いやそうなんですよ。今回、八木さんにオファーする際、「来ていただけたら、もちろん嬉しいねんけど、八木さん京田辺やったよな。キタバチわかってへんかもしれへん」って、思ったんですよ。
八木　お前ら全然わかってないな。あのね、俺からしたら、京都市内の人間がキタバチに行く理由こそ、わからへん。だって京田辺は何もないから、「灯り」を目指して行くワケ。灯りが明るいキタバチへ、1時間かけて行く楽しみよ……。
徳井　一大レジャースポットみたいな？（笑）
八木　そうそう、もう気合いが違うやんか。あそこに行くってだけでね。

福田　なるほどなあ、「アメトーーク！」の時もね、八木さんが北白川バッティングセンターのことを喋ってくれて。

徳井　あれ、京都の地元沸いたらしいですよ。「サバンナ八木がキタバチって言うた！」って（笑）。

八木　あぁーでも本当に、その地元の人らと、当時会ってるかもしれへんね。

福田　そうですよね、世代的に一緒やから。当時は、誰と行ってたんですか？

八木　地元の、立命館の友達と行ってて。21、22歳の頃やな、大学生の頃。

福田　あ、そうなんですか!? 大学生の頃……？

八木　え、お前ら、いつ？

福田　俺ら、高校の時ですね。

八木　え……俺めっちゃ恥ずかしいやん。

徳井　ハタチ超えて行ってたんや……。

八木　だって俺らは大学入って、車乗りだしてからやねん。

福田　ちなみにキタバチの斜め向かいに、ベルシャトウっていうラブホテルがあったの、知ってます？

八木　もちろん、俺そこも行ったよ。

福田　あ、行きました!?

八木　まぁ俺は京都のラブホテルで一番行ったのは、「黄色いクジラ」とか。「と、いうわけで。」とか。

徳井　あぁー（笑）。京都のラブホテルスペシャル放送回も、1回せなあかんな。

八木　ベルシャトウはワンランク上というか。

徳井　え、そうなんですか？

八木　俺らの中でな。

福田　まぁまぁそうか、場所的にもそうですね。

徳井　わざわざ北白川のラブホテルまで、来ることもないですからね。

福田　さぁここで。スタッフがキタバチ紹介音源を、アナウンサーさんと一緒に作ってくれたようなので、聴いてみましょう。どうぞ！

《北白川バッティングセンター。通称「キタバチ」は、1970年、京都市左京区一乗寺に誕生。70年代には、インベーダーゲームをいち早く導入。時代の先端を行く娯楽施設として人気を博しました。80年代にはビリヤード場を開設。その後もカラオケやプリクラ、漫画喫茶、ダーツなど、時代の流行を次々と取り入れ、京都の若者文化を牽引。しかし、大型施設の建造や家庭用ゲーム機、携帯ゲームの普及などにより、徐々に客足は減少。かつての賑わいは失われていきました。そして2011年11月28日、キタバチは多くの人に惜しまれつつ、閉店の時を迎えました》

福田 というね。
八木 俺はゲームをしに行くっていうより、あの空間が好きやってん。
福田 みんな、とりあえずあそこに集まるって感じでしたもんね。
八木 キタバチで好きなのは空間の、あの階段というか、メゾネットっていうか……。
徳井 そうなんですよ、店内、高低差があるから（笑）。
八木 あの高低差に癒された（笑）。
徳井 めっちゃわかります（笑）。
八木 奥行きが見えへんねん。空間が平たかったらキタバチの魅力、ないと思うわ。
徳井 確かにそうですわ。ダンジョン的なね。
八木 あそこの周り、餃子の王将もありましたし、ベルシャトウもあったし、あのエリアが賑わったのは、北白川バッティングセンターのおかげなんですよね。
福田 2011年の11月28日、閉店。もうちょっとで1年経つんですね。今はスーパーマーケットのライフができてます。
八木・徳井　うんうん。
福田　続きまして、ベルシャトウの紹介音源を聴いてみましょう、どうぞ。
《ホテル・ベルシャトウ北白川。京都市左京区一乗寺、北白川バッティングセンターのほぼ向かい側に位置したベルシャトウは、施設内にプールのある部屋、テニスコートのある部屋など、若者の心を掴む、遊び心満載のラブホテルでした。地元民にはもちろん、学生の町・京都らしく、多くの学生にも愛されたベルシャトウは、ひっそりと閉店。また1つ、白川通から青春の灯が消えました》
徳井　このナレーション、異常に悲しくなるな……。
八木　俺、テニスコートの部屋知らんわ。
福田　あ、本当ですか。
徳井　なんかあったな、いろいろと。
福田　一番上の階がプールの部屋か、テニスの部屋かで。
八木　ベルシャトウの、正面の出入口じゃなくて、奥の細い所を通って出る出口があるんですけど、それがペットショップの横に繋がってて、出る時、ペットショップの人に気付かれて、辛いっていうのがあったわ（笑）。

福田　リスナーからもメールがたくさん来ています。兵庫県の「4日前のトンカツ」さん。25歳の女性の方です。

「キタバチに関して、興味深い情報を見つけたのでメールしました。皆さんは『けいおん！』というアニメをご存知でしょうか？」

徳井　「けいおん！」ね、知ってるわ。軽音楽部をテーマにしたアニメで。

八木　ああ、アレめっちゃ流行ってたやんな。

徳井　そのアニメの舞台が、京都の高校なんですよ、設定上。

福田　まさしくそれで、

「この作品は、京都市内の風景が作中にたくさん出てきており、今はなき、北白川バッティングセンターも、しっかり登場しています。ファンの方のブログで、アニメと実写の比較画像を見たのですが、外観から内装まで、かなり忠実に再現されていました。よかったら皆さん観てみてください」

徳井　「けいおん！」観ようかな。

福田　奈良県の「ガラスの豚」さん。

「僕は京都出身で、京都育ち、大学は京都大学だったので、キタバチとベルシャトウにはお世話になりました。比叡山に登った後、キタバチのバッティングセンターで遊び、近くの餃子の王将に行って、その後ベルシャトウに行ったのを覚えています。初体験でした。その後、天下一品総本店にも行きました。今は奈良に住んでいるので、北白川に行く機会はあまりありませんが、キタバチとベルシャトウがなくなったというニュースは、すごく残念です」

徳井 比叡山まで行ったんか。比叡山終わりで王将行って、ベルシャトウ行ってってって。この人のバイタリティーすごいな。

八木 比叡山のお化け屋敷な。人が幽霊に扮して出てくるお化け屋敷って、比叡山が最初やんな？

徳井 そうですね。うちの親父が学生時代、比叡山のお化け屋敷で、お化けを動かすバイトをしてたんですよ。

八木 へぇー、人が演じる前の時代？

徳井 そうです、だからそんなリアルな怖さじゃなくて。「壁がバーンとひっくり返る」とか、その機械のからくりを動かしてたんです。

番組HP
より

Blog Back Number

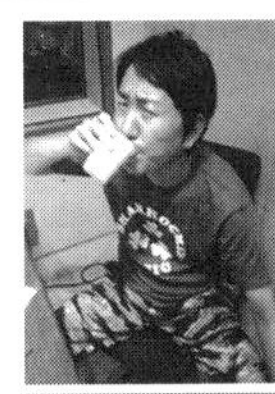

福田：35歳になりました。皆さんからのプレゼント、本当にありがとうございます。ただほとんどがお酒！　メッセージには「飲み過ぎないで下さい」って、どないやねん!!　なんて言いながら、飲ましてもーてます。（2010.08.14）

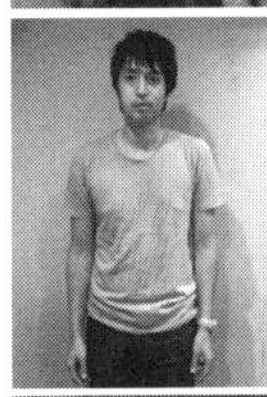

徳井：35歳夏です。予備校生の頃と服装変わってへんがな。（2010.08.14）

徳井：同級生、本当にいいやつらです。アホばっかりですけど。最近、みんなに「福田は大丈夫なのか？」と言われます。福田さんは元気です。おじいちゃんみたいですけど。（2011.03.19）

福田：（緊急入院から復帰）。皆さん、ただいま帰ってきました！　一番昔からレギュラーでやっているこの番組をまさかこんなに休むことになり、ご心配をお掛けするとは夢にも思いませんでした。（2011.03.19）

大喜利ジングル／プレイバック／3

【2012年】

●宇治市「チャキ沢チャキ男」さんからのお題。「列を成して、せっせと食べ物を運んでいるアリ。その時アリは、何を思っている?」➡徳井 **今はこうしているけど、いつかは東京に行く。**

●兵庫県「6枚のとんかつ」さんからのお題。「『石の上にも3年』ということわざがある。では、10年いたら、どうなる?」➡徳井 **うっすら光る。**

●兵庫県「6枚のとんかつ」さんからのお題。「超ハイテクなカブトムシの捕まえ方とは?」➡徳井 **最新のノートパソコンではさむ。**

●滋賀県「往年の即席スラッガー」さんからのお題。「ウルトラマンが、なぜか今日は3分過ぎても帰らない。一体なぜ?」➡徳井 **帰ってもヒマやし。**

●大阪府「キモショウ」さんからのお題。「彼女に言われたら切なくなる一言を、教えてください」➡徳井 **私と付き合ってることを、人に言わないでね。**

●京都府「ういろう」さんからのお題。「ウミガメが卵を産む時に流す涙の、本当の理由とは?」➡徳井 **好きなオス亀の子供ではない。**

【2013年】

●八幡市「ポテンシャル」さんからのお題。「『空はなんで青いのか?』と、子供に訊かれた時の簡単な答え方とは?」➡徳井 **無視。**

●八幡市「ポテンシャル」さんからのお題。「このおバカタレント、意外に賢いな。一体なぜそう思った?」➡徳井 **プロデューサーの名前はすぐ覚える。**

【2014年】

●八幡市「ポテンシャル」さんからのお題。「遅刻した時の、カッコいい言い訳を教えてください」➡徳井 **遅刻したヤツにしか見れない景色が見たくて。**

●大阪府「りさ」さんからのお題。「野良猫が5匹集まっています。何を話している?」➡徳井 **やっぱレクサスのボンネットは乗り心地がいいにゃー。**

●高槻市「キモショウ」さんからのお題。「読者モデルあるあるを教えてください」➡徳井 **トップ女優よりもでかいサングラスをして街に出る。**

●高槻市「キモショウ」さんからのお題。「徳井さんしか知らない、ディープな京都情報を教えてください」➡徳井 **八坂神社の上の方に、ホステスが車を路駐している。**

●高槻市「キモショウ」さんからのお題。「地方の女子アナあるあるを教えてください」➡徳井 **声がでかい。**

●吹田市「しいし」さんからのお題。「パスワードを忘れた時のあまりにも覚えるのが難しい『秘密の質問』とは？」➡徳井 **地域社会における町内会の存在意義は？**

●北九州市「あやの」さんからのお題。「仕事でホテルに泊まりの日あるあるを教えてください」➡徳井 **軽くホテル周りの店で1杯飲もうかと思って、いろいろ物色するけども、これっていう店がなくて、結局そのホテルの横のビルの1階にあるコンビニで、缶ビールを買って終わる。**

［2015年］

●吹田市「しいし」さんからのお題。「関西の公開収録番組あるあるをお願いします」➡徳井 **一人ひとりのお客さんの化粧が濃い。**

●吹田市「しいし」さんからのお題。「ルミネtheよしもと劇場の出番と出番の間あるあるを教えてください」➡徳井 **時間をつぶそうとして、新宿をブラブラしていると、一瞬風俗に行きそうになる。**

●福島県「穴ナシからし蓮根」さんからのお題。「ティッシュ配りあるあるを教えてください」➡徳井 **配ってるロン毛の男の髪パサパサ。**

●福島県「穴ナシからし蓮根」さんからのお題。「ジブリ作品あるあるを教えてください」➡徳井 **主人公の少女の声を、透明感で売っている女優がやる。**

●吹田市「しいし」さんからのお題。「大阪のおばちゃんと、京都のおばちゃんの違いを、教えてください」➡徳井 **パンチパーマが大阪のおばちゃん。前髪の辺りが紫色なのが京都のおばちゃんで、**

●吹田市「しいし」さんからのお題。「美魔女あるあるを教えてください」➡徳井 **旦那が経営者。**

●豊中市「大木真太郎」さんからのお題。「番組改編期あるあるを教えてください」➡徳井 **神妙な顔してPが来たら、終わる。**

2015

京都弁、やっぱややばい。

（2014年8月2日放送）

［京都弁では、強調したい言葉を2回繰り返します。］

福田　栃木県の「シバリウム」さん。
「radikoができてから、『キョートリアル！』を聴かせてもらっております。福田さんが『ほっそ細い』とか『なっが長い』という言葉を、よく使われますが、関西の方言なのでしょうか？　かといって徳井さんは使われないので、もしかしたら、福田さんのオリジナルなんですか？　気になってメールしました」

徳井　うん。

福田　オートバイ仲間の中村さんにも言われるわ。「ラジオで『やっぱやばい』とか『うっまうまい』って言ってるけど、アレ何なん？」って。

徳井　まあねぇ。お前の方が使ってるのかな。

福田　これは方言なんよな？
徳井　これは京都人の方言やな。あのね、僕も使うんですよ。
福田　そう。2回言うよな。京都人って。
徳井　「やっばやばい」。「うっまうまい」。そやな。でな、大阪人は2回言わへんねん。俺ら京都から大阪に出てな、もう大阪弁の喋りにも、なってもうてるから、大阪弁の「めっちゃ」を、よく使ってるねん。
福田　うんうんうん。
徳井　「めちゃめちゃ」とか。これよう考えたらな、京都にいる頃って、「めっちゃうまい」時って、「うっまうまい」って言うててん。つまり……。
福田　あ！
徳井　な、つまり京都では俺ら、「めっちゃ」を使ってなかったのよ。
福田　あー！　ほんまやわ。
徳井　な、そうやねん。
福田　「めっちゃうまいやん、コレ」って、京都では言うてなかったわ。
徳井　そやろ。京都では「めっちゃ」を使わず、「うっまうまい」って言うてた。
福田　あー、俺ら大阪弁に侵食されてたんや……。

徳井　そう。俺、東京で「めっちゃ」を言うてる時、京都人として、何となく恥ずかしいのよ。さすがに東京で「うっまうまい」って言うのは、何か……

福田　「何それ?」って、言われるよ。

徳井　そうやねん。関東の人間の前では、さすがに「うっまうまい」は引っ掛かられるから。メジャーな大阪弁の「めっちゃ」を使うねんけど。そんな自分が京都人として恥ずかしいねん。

福田　「キョートリアル!」は地元・京都の番組やから、自然と「うっまうまい」が出てるんやろうなぁ。俺、この番組でよく言うてるって、言われるから。

徳井　そうですね。大阪弁はね、芸人さんがたくさん東京に進出したことによって、広まりましたけど、京都弁はなかなか広まらんな。

福田　そやなぁ。

徳井　全国ネットで、京都人タレントが京都弁、使ってないもんな。

福田　せやなぁ。

京都在住、徳井の妹
あっちゃんのラジオ「あつこの部屋」。

（2014年9月13日放送）

［「キョートリアル！」番組公式WEBサイトにて配信中
あっちゃんは素人さんです。］

福田　放送650回記念ということで、徳井の妹のあっちゃんが来てくれました！
徳井　どういうことやねん、これは。
あつこ　こんにちは！　650回おめでとうございます。
徳井　おい。
あつこ　今日は出張「あつこの部屋」ということで……（笑）。
徳井　「あつこの部屋」って、番組のホームページで配信してるヤツか。
あつこ　そうなんです。今回その告知もあって、来たんです（笑）。
徳井　なんやねん。なんで告知すんねんお前。

あつこ　スマホからでも聴けるようになったので。
徳井　「キョートリアル！」自体が、ポッドキャストになってないのに。
あつこ　過去の放送分が、全部聴けます。
徳井　何分、喋ってんの？
あつこ　長い時は10分くらい（笑）。
福田　おぉー喋るねぇ。
あつこ　「あつこの部屋」次の更新分では、母・ちえこがゲストに来てます（笑）。
徳井　なんやねん！
福田　徳井家でKBS京都を乗っ取ろうとしてるやん（笑）。

「あつこの部屋」（2014年9月13日　配信）

あつこ　「あつこの部屋」久しぶりの更新です。突然なんですが、今日はゲストが来てくれています。ゲストの方どうぞ。
ちえこ　こんにちは。チュートリアル徳井の母・ちえこでございます。いつもこの番組を聴いてくださいまして、ありがとうございます。

あつこ　お母さんまず、「キョートリアル！」は聴いてますか？

ちえこ　初めのうちは、ずっと聴いてたんですけど。この頃は内容が楽しくも何ともないので（笑）、聴いてません。まあ放送が長いこと続いてよかったなとは思っています。

あつこ　最近の「キョートリアル！」、バイクの話ばっかり（笑）。

ちえこ　女の子は面白くないもんな。

あつこ　面白くないねん。お母さんは兄・義実がお笑い芸人をしてることに対して、どう思っていますか？

ちえこ　最初「お母さん。漫才したいねん」って告白した時に私はもう、「義実にやりたいことがあってよかった」と、ものすごい思いました。

あつこ　それ、何歳の時？

ちえこ　うーんと。義実が予備校に行ってる時かな。それまでほら、高校の文化祭で漫才してるのを、お母さん観に行ってたから、「やっぱりプロになりたいんやな」って思いました。

あつこ　一般的にいうとさ、子供が「芸人になりたい」って言う時、たいがい親は反対するやん？　それは全然なかったの？

ちえこ　全然。「自分の好きなことがあってよかった」と思った。

あつこ　「この子はサラリーマンも、できひんやろうし」と思ってたの？

ちえこ　思ってたね。でもお兄ちゃん考えてたよ。「僕、5年で芽が出んかったら、芸人きっぱり辞める」って言うてた。

あつこ　ふーん。お父さんはその時、どう言うてはったん？

ちえこ　お父さんは……「人生を甘く考えてる」って。

あつこ　うん。

ちえこ　でも、「2丁目劇場」（大阪・心斎橋にあったお笑い専門劇場）で漫才の勝ち抜き戦があって、「今日お兄ちゃんが勝ち抜いたら、チャンピオンになって、吉本に入れる」みたいな日に、お父さんと観に行ったんよ。それでお父さん、義実の漫才観て、「これやったらいける」って。お父さんも漫才好きやったから。新婚の頃、二人で「京都花月」に芸人さんの漫才、よく観に行ってたから。

あつこ　お父さんも芸人になりたい時あったもんな。

京都の観光地に住んでいる人あるある。

（2014年12月20日放送）

［京都市内は全部、観光地です。］

福田　富山県の「ハクタク」さんです。

「先日ネットで、『京都の観光地周辺に住んでいる人あるある7選』という記事を見つけました。あるあるだけを抜粋すると、

1、観光地周辺に住んでいても、観光地にはほぼ行かない。

2、ありえないほど頻繁に道を訊かれる。

3、観光シーズンになると、通勤通学路が混雑して嫌になる。

4、和菓子とか京懐石とか、そんなに食べない。

5、京都が舞台のサスペンスドラマに集中できない。

6、小学生の頃、社会見学はたいてい近所だった。

7、住んだことがないのに『いいところだよね』という人に、『京都の夏と冬を体験してほしい』と心から願う。

「というのが7選だそうです」

徳井　はいはいはい。まぁ、京都人はなぁ。観光地なんか行かへんよなぁ。

福田　行かんなぁ。それこそ京都タワーなんか、仕事でしか登ったことないんちゃうかな。

徳井　俺は部活の試合の帰りに1回行ったことあるけど……金閣寺は行ってないなぁ。「京都が舞台のサスペンスドラマに集中できない」……なんでやろ？

福田　ロケ場所を観て、「あぁー、ここ行ったことある」って、なるんちゃう？　あとは京都は確実に寒いなぁ。

徳井　むちゃくちゃ寒い。

番組HP
より

Blog Back Number

徳井：西友で買ったこの帽子を何だかんだで一番よく被っています。(2012.09.15)

福田：久しぶりに飲むビールの味は最高でした。次はいつ飲もうかしら。それにしても細いでしょ？(2012.09.29)

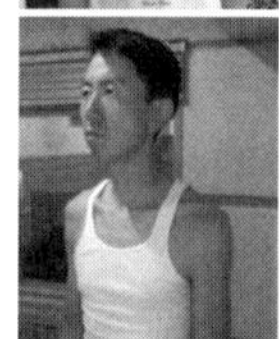

福田：今更なんですがバイクは楽しい。それにしても徳井がバイクにはまり過ぎている気がします。俺がいうのもなんやけど、どんだけバイクすきやねん!!（2013.03.02）

徳井：愛車です。独身男、好きに生きてます。(2014.03.15)

左京区・一乗寺下り松「やるじゃんボーイ事件」。

（2015年2月14日放送）

［徳井少年に降りかかった事件。
地元住民にとって一乗寺下り松は、
宮本武蔵と吉岡一門の決闘の場所ではないのです。］

福田　今日はバレンタインデーですよ。

徳井　バレンタインなぁ。

福田　ドキドキしたよな。

徳井　したしたした。俺の中で伝説の話があるねん。小5の時、ミキちゃんという子にチョコもらって。

福田　うんうん。

徳井　ホワイトデーの日に、ミキちゃんにお返しで、文房具とマシュマロを渡そうと思って。一乗寺の下り松に呼び出して。

福田　うん。

徳井　ミキちゃんにそのプレゼントをあげてる最中に、通りがかった男子大学生たちが俺らのことを発見して、その大学生の兄ちゃんが、俺に向かって「やるじゃん、ボーイ」って言うた。という。

福田　大学生ダッセー（笑）。

徳井　これが俗にいう「下り松、やるじゃんボーイ事件」や。

福田　たぶんソイツ童貞野郎やな（笑）。

徳井　「やるじゃんっ、ボーイっ」

福田　くそダサいなぁ。

徳井　歴史上、下り松で起こった2番目の事件。「やるじゃんボーイ事件」。

福田　その童貞大学生たち、狸谷山不動院にお参りに行く途中やったんかな。

徳井　たぶんそうやろ。

福田　なるほどなぁ。

京都人は、よそもんに冷たい？

（2015年3月28日放送）

［というよりも、京都人はシャイなのかもしれません。］

福田　奈良の「一乗寺シューベルト」さん。

「この3月、娘がKBS京都近くの女子大を卒業します。娘は『ザ・京都』ともいえる、錦市場にある職人系の老舗の会社に就職することになっています。『京都は学生さんには優しいけど、よそ者には冷たい町』、そんな話を聞き、よそ者の娘が京都で働くことに不安があります。ぜひ京都人の取り扱い説明書的なことを、聞きたいです」

徳井　もう今は京都人全員が「よそもんに冷たい」なんてことは、ないけどね。昔の世代の話やし。

福田　いまだに祇園とか……。

徳井　祇園町のお店だけはなぁ。

福田　例えば1軒、お店が空きました。「ここの跡地に、イタリア料理の店を出したいです」って言うたら、まず両隣のお店の了承がいるっていう。
徳井　うん。
福田　まあ錦市場はそんな、若い子に対して、押しつけて来ることはないと思うけどねぇ。今までそんな光景見かけたことないし。打ち解けてしまえば、京都の人も優しい。
徳井　最初に払う最低限の礼儀が大切というか。京都の人、「品がある」のが好きやから。
福田　うん。
徳井　「野暮なことしはるわー」っていうのが、嫌いやからな。やっぱり遠慮とかじゃない？　遠慮がない人嫌いやな、京都人って。
福田　せやな。はっきり物言うのも、好きじゃないよな。遠慮がちに言う方がいいかもね。
徳井　うん。

いくよ師匠、永眠。

（2015年6月13日放送）

いくよ・くるよ師匠が新人芸人のチュートリアルをKBS京都に推薦してくれて、「キョートリアル！」の前身の番組「金曜ナマチュー」がスタートしました。徳井・福田は折に触れ、師匠たちへの感謝の言葉を口にしてきました。

徳井　いくよ師匠がね、亡くなられたということで。いくよ師匠の思い出話をしようかと思って。

福田　うん。

徳井　いくよ師匠のことを思い出す時に、必ずくるよ師匠も出てくるというか。

福田　うんうんうん。

徳井　普通さぁ、なんぼ漫才コンビでも、別々の仕事する時あるのに、いくくるさんは、それをしなかったんやな。

福田　そうやなぁ。そんなコンビの方、いいひんよね。楽屋でもずっと一緒で。
徳井　必ず１つの話を二人でするから。
福田　そうやな。
徳井　いくくるさんの漫才って、とにかく会場を楽しい雰囲気にして。お客さんがどっと笑うってのも、もちろんあるけど、「お客さんが笑顔になる」というかさ。
福田　なんかもう、人柄がそのまま漫才になってる感じよな。
徳井　で、それが顕著に表れてるのが、オチやんな。いくくるさん独特の。
福田　あの漫才の締め方って、いくよくるよ師匠だけやもん。だから俺らも、年末の祇園花月の出番は、いくくる師匠の漫才をオマージュさしてもろてるもんな。一番最後に、「もうええわ」って終わるんじゃなくて。
徳井　うん。「もうええわ。どうもありがとうございました」って、舞台袖にハケて行くのが普通やん。いくくるさんは、最後くるよさんが何か言うて、いくよさんが「ほんまええ加減にしよし。ほんまにもう。ほんまねぇ。もうありがとうございました。皆さん気ぃつけて、楽しんで帰ってください。ありがとうございました」って客席のお客さんに言いながら、ゆっくりハケて行くっていう……京都のおばちゃんが知り合いの家行って、帰る時みたいな（笑）。あの空気感が、めちゃくちゃええねんなぁ。

福田　うん。幸せな気持ちになる。

徳井　そうね、その漫才がもう。

福田　観れない。

徳井　いや……本当さみしいですね。

新福菜館のラーメン。

（2015年7月25日放送）

「間違いなく京都を代表するラーメン屋さんの一つ、新福菜館。」

福田　東京都の「タック」さん、30歳の方です。

「初めて投稿させていただきます。僕は現在、東京都内に住んでいるのですが、高校卒業後は、京都の中京区で専門学校に通っていました。その時によく行っていたラーメン屋さんが麻布にもできたと聞いて、行ってきました。

無骨な醤油味のスープ、確かな歯ごたえのチャーシュー、そしてお椀型に盛られた焼き飯、全てが懐かしく、美味しかったです」

徳井 「新福」やな！

福田 正解（笑）。

徳井 『新福菜館』というお店ですが、ご存じでしょうか？ お二人の思い出のラーメン、よく行くお店などがあれば、聞かせてください」

福田 新福菜館、俺まさに先日行ってん。祇園花月のイベント終わりで。久々に。普通は一番有名な、京都駅近くの本店に行くやんか？ 俺、友達の店に寄ろうとしてたこともあって、京都に住んでる時ですら行ったことがなかった、府立医大前店に行ったのよ。

徳井 へぇー、府立医大？

福田 うん、あんなとこに「新福」があるねん。俺、御池の辺りからトコトコと、岡のハンバーガー屋に行こうと思って歩いてたんや。歩いてる最中に新福を見つけて、思わず入ってもうてん。「こんなトコにあるわ」って思って。で、焼き飯小、ラーメン小を頼んで。

徳井 味、一緒やった？

徳井　味は変わらぬ美味しさで。
福田　あの真っ黒のチャーハンがうまいのよな。
徳井　あっつ熱いけどな。新福のチャーハンむっちゃ熱いからな。おっちゃんがチャーハンをお玉に入れて、皿にポコッて出して、丸く盛ってくるんやけど、まずそれを崩す作業な。崩して空気に触れさす作業をせんと、もうあっつ熱いから。
福田　熱さと、あの黒さ。最初衝撃やったもんな。「くっろ黒いやんけこのチャーハン」って。食ったら「うっまうまいやんコレ」（笑）。
徳井　うんうん。

祇園祭の宵山で番組生中継がしたい徳井と福田。

（2015年8月15日放送）

「人混みで大変な祇園祭。テーマはいかに良い席で観るか、美味しいお酒をいただくか。」

徳井　祇園祭の宵山の日に、「キョートリアル！」で、河原町かどこかに生中継ブースを設けて。
福田　はいはいはい。
徳井　そうすると毎年祇園祭を、良い席で味わえるワケや。
福田　ほんまやな。
徳井　ちなみに祇園祭は7月14、15、16日が宵山で、17日が山鉾巡行。
福田　宵山さぁ、何を中継する？　昼間より夜の祭りの感じがいいよなぁ。
徳井　まぁ、そやねん。山鉾の巡行中継やったら、「今、南観音山が来ましたっ！」とか、臨場感が出るけど。宵山・宵々山の、夜の町の雰囲気の中で生中継するとしたら、例えば錦市場商店街の、各お店が出してる屋台を紹介していく、とか。
福田　うんうん。
徳井　「ちょーど今、鰻巻き屋さん卵屋さんに、ブースに来てもらいましたー」みたいな。「うちの名物商品はこんなんでー」って紹介するのは、どう？
福田　はぁはぁ。
徳井　各地区の鉾の紹介をしてもいいし。

福田　それはそれでいいとして、俺はロケで京都のいい居酒屋に、ハンチング帽を被って、ぶらぶら登場するわ。

徳井　それ、吉田類やんけ（「吉田類の酒場放浪記」。ＢＳ－ＴＢＳの人気番組）。

福田　俺はそれをやるわ。

徳井　ラジオなんやから、ハンチング被ってんの見えへんし。オンエア上は福田でしかないからな。

福田　ハンチング絶対被るっていうのは、決まりでやるわ。

徳井　被ったらええけど。宵山のコンチキコンチキ鳴ってる、あの雰囲気だけでも。

福田　生中継いいな。お届けしたいな。

放送700回。よくメールをくれたリスナーさんにも、人生の転機が。
（2015年11月21日放送）

［チュートリアルもリスナーさんも、共に歳を重ねて。］

福田　「ナイナイの後輩」さん。

「放送700回、おめでとうございます。僕が16歳の時に、初めて聴いてから、もう10年が過ぎようとしています。『キョートリアル！』は、僕の青春と人生です。

お笑いが好きになったきっかけのチュートリアルさんと、いつか一緒に仕事がしたいと思い、高校の時に構成作家になると決意し、『baseよしもと』（大阪・難波にあったお笑い専門劇場）の進行係として、働き始めました。

その時に番組にメールを送ると、お二人が喜んでくれて『辞めていくヤツがほとんどやし、辛いけど頑張って作家になって！　一緒に仕事する時はよろしくお願いします』と言っていただきました。涙が出るくらい嬉しかったです。
結局、ｂａｓｅよしもとが閉館する時に、大人の事情で辞めることになりました。『夢って叶わないもんだな』と思い、泣きました。
すぐに就活し、今は京都の河原町駅近くのコンビニで店長をしてもう5年目になります。この前、『京都映画祭』の時、近くの小学校でのイベントにチュートリアルさんがいらっしゃると聞いて、仕事を抜け出して観に行かせていただきました。お姿を拝見した時、『こんなにも大スターになったんだ。やっぱりチュートリアルさんはすごい努力と人柄でできてるんだな』と実感しました。
長々と申し訳ございません。放送700回、本当におめでとうございます」

徳井　あぁ、ほんまに。ありがとう。

福田　人生やなぁ……そうかぁ。

徳井　作家は続けることができなかったんか。わざわざ仕事抜けて観に来てくれて。

福田　うん、ありがたいなぁ。

Blog Back Number

徳井：バーベです。
（2015.08.01）

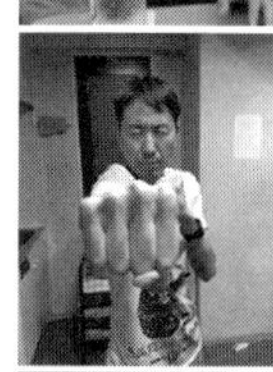

福田：まさかの新しいマネージャーがＵＦＣ大好きでした‼自分のパンクラスに入っていたらしいです。（2016.05.07）

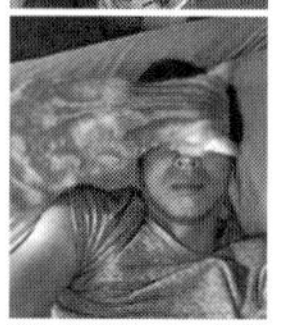

徳井：舐められてます。
（2016.07.02）

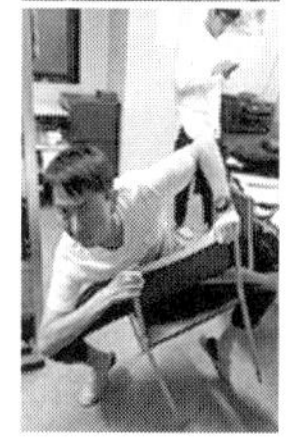

福田：MotoGP もてぎが近づいてまいりました！昨年に引き続きペドロサ勝ってくれ‼
（2016.10.01）

祇園花月で福田がイベントを開催。

（2016年3月26日放送）

「楽屋入りでのエピソード お笑いコンビNON STYLEのすごさとは。」

福田　この前な、NON STYLEの石田たちと、祇園花月でイベントやったやんか。

徳井　やってたな。

福田　あらためて思ったけど、NON STYLEのファンって若いなぁ。

徳井　うんうん、若い。

福田　普通、楽屋入りの時に、入り待ちのお客さんの年齢層って、俺らと変わらへんやん？　この前の祇園花月の入り待ちでな、NON STYLEのファンの人って、制服姿の女子高生たちやっててん。たくさん。

徳井　へえぇぇ。

福田　石田、もう35、36歳やで。

徳井　いまだにかぁ。すごいなぁ。

福田　でな、ファンの人とNON STYLEの間で、きっちりルールができてるねん。石田と写真撮りたいファンの人が、めっちゃ早く列を作って、1人ずつ撮るねんけど、他の人はみんなその場に伏せるねん。
徳井　へぇーマジか。
福田　みんなスマホのインカメラで、自撮り的に撮らはるんやけど。俺らのお客さんって、下手したら「インカメラのやり方がわからないです」って人、結構いるやん。
徳井　「あれ？　あれ？　どうやるんやろ」みたいな（笑）。
福田　NON STYLEのファンは、そんな状況もないし。パッパッパッて連携ができてて。
徳井　へぇー。石田じゃなくて、井上の方が、そういう「空気」を出してんのやろな。「ファンの子たち、そういう風にしてな」みたいな。
福田　せやな（笑）。

番組ディレクターが替わりました。

（2016年5月14日放送）

［長寿番組ならではのエピソードです。］

徳井　この番組のディレクターが替わりました。D（ディレクター）のNさん。

福田　初の女性です。

徳井　インカム（ヘッドフォン）から、「はい、じゃあ行きまーす」って言う女子の声が、新鮮です。

福田　Nは、おいくつくらいなんですかね。

徳井　さっき訊いたら、ずっとこの番組を聴いてくれてたんやって。高校の時に。

福田　えぇーっ！　Nが？

徳井　「アバンティリアル！」（番組スタート当初の2002年10月3日放送。JR京都駅南のショッピングモール「アバンティ」にて行われた公開収録）を、観に来てたんやって。高校生の頃。

福田　ってことは、30歳くらい？

徳井　30です。

福田　既婚者？

徳井　新婚さん。高校生の時にコレを聴いてくれてた人が、今ディレクターになってるという。

福田　すばらしいですね。この番組が育てあげたといっても過言ではない、新ディレクター・N。

徳井　「まさか自分が担当するなんて、思ってなかったんです」って、さっき言うてたわ。

福田　（笑）。

祝・福田結婚。ついに41歳で新郎に。

（2016年7月23日放送）

［お相手は同年代の一般女性。徳井はまだ独身です。］

留守番電話・応答メッセージ音声

《「キョートリアル！」留守番メッセージサービスです。メッセージをどうぞ》

徳井　どうも。こんばんは徳井です。相方の福田君は、幼稚園の頃から知っていますが、ついに、こういう日が来るんですね。

徳井　いやー来ましたねぇ、こういう回がついに。

福田　ついに来ましたよ。

徳井　今までずっと独身コンビ、独身コンビいうて、やってきましたけども。いやぁ……結婚したね。

福田　6月19日に入籍しましたよ。婚姻届出しに行って。近しい人に報告して。

徳井　うん。

福田　お前にはもちろん最初に言うたし、お世話になってる芸人さんたちに、順番に報告して。ほんならさ、当たり前やけど、みんなすでに結婚してるのよ。

徳井　あぁ。

福田　俺は初めてやん？　いろんな人に報告したらさぁ、みんな思いのほか、「おめでとう〜っ！　よかったやーんっ！」って、すごい喜んでくれるねん。その……実感として、「こんなに祝ってくれるのか」と思って。そんな想像をしてなかったというか。

徳井　へぇー。そういうもんなのか。

福田　不思議な感覚やねん。こっちは照れくさいし。報告する時、「私事で恐縮です」って気持ちがあるやん。でも先輩方が、単純にめっちゃ喜んでくれるねん。ほんで俺も嬉しくなって。「報告する」って、こういうことなんやなと思った。

大喜利ジングル／プレイバック／4

2015

【2015年】

●宮城県「キルト」さんからのお題。「芸人の宣材写真あるあるを教えてください」⬇徳井 **11年前のものである。**

●宮城県「キルト」さんからのお題。「再現VTRあるあるを教えてください」⬇徳井 **付き合うのにちょうどいい感じの女の子が出ている。**

●吹田市「しいし」さんからのお題。「テレビ制作会社あるあるを教えてください」⬇徳井 **社長だけが儲かっている。**

●吹田市「しいし」さんからのお題。「ミュージシャンに遊ばれている女あるあるを教えてください」⬇徳井 **珍しいタバコを吸っている。**

●福島県「穴ナシからし蓮根」さんからのお題。「運動会の練習あるあるを教えてください」⬇徳井 **体育教師が一度は思いっきりキレる。**

●吹田市「しいし」さんからのお題。「プロスポーツ選手の妻あるあるを教えてください」⬇徳井 **やたらとジュニア・アスリートフードマイスターの資格を取る。**

●千葉県「ロンギヌス」さんからのお題。「吉本興業がプロデュースした、ラブホテルの名前とは？」⬇徳井 **ホテル下半身巨人。**

●高槻市「キモショウ」さんからのお題。「劇場に強い芸人あるあるを教えてください」⬇徳井 **登場してきて、センターマイクの前に着いてから喋りだすまでの余裕が、半端ではない。**

●東京都「ヒポポタマチ」さんからのお題。「予備校生カップルあるあるを教えてください」⬇徳井 **同じ大学を受けて、男だけ落ちる。**

●吹田市「しいし」さんからのお題。「敏腕ディレクターあるあるを教えてください」⬇徳井 **離婚する。**

【2016年】

●吹田市「しいし」さんからのお題。「京都を訪れている一人旅の女性あるあるを教えてください」⬇徳井 **お坊さんからいい話を聞きたがる。**

2016

●吹田市「しいし」さんからのお題。「おばあちゃんの家あるあるを教えてください」⬇徳井 **時計の音うるさい。**

●八幡市「ポテンシャル」さんからのお題。「『住所不定無職』をチャラにできるようなプロフィールを、教えてください」⬇徳井 **住所不定無職、レギュラー番組16本。**

●青森県「青コーナー赤松」さんからのお題。「ジブリ作品に出てくる人あるあるを教えてください」⬇徳井 **すぐ、ぺたっと座る。**

●青森県「青コーナー赤松」さんからのお題。「エロ五重塔の3階は、どうなっている？」⬇徳井 **手にローションをべっとり塗った熟女が、待ち構えている。**

●吹田市「しいし」さんからのお題。「売れてないけど芸人人生を楽しんでいる芸人あるあるを教えてください」⬇徳井 **嫁をめっちゃ抱く。**

●東京都「ぺっちゃん」さんからのお題。「魔法を唱えるハリー・ポッター、『ナダロレゼーナ！』。どんな魔法？」⬇徳井 **デリケートゾーンの痒みが消える。**

●東京都「ぺっちゃん」さんからのお題。「『I LOVE YOU』を、ロマンチックに訳してください」⬇徳井 **あなたの手を握るだけで勃ちます。**

2017

【2017年】

●吹田市「しいし」さんからのお題。「同窓会。中学で一番真面目だったヤツが、遅れてやって来た。『お前、めちゃくちゃ変わったな』と、みんなが声を揃えて言った。どんな風に変わった？」⬇徳井 **両手首、パワーストーンだらけ。**

●京田辺市「ロンギヌス」さんからのお題。「昔話では語られない、鬼退治後の桃太郎の主な活動とは？」⬇徳井 **鬼退治の経験を生かし、節分アドバイザーとして暮らした。**

●吹田市「しいし」さんからのお題。「京都にいる大人たちが、見て見ぬフリするもの第1位とは？」⬇徳井 **舞妓さんの格好してる観光客。**

●吹田市「しいし」さんからのお題。「妥協して付き合っているカップルあるある、第8位を教えてください」⬇徳井 **結局、長続きする。**

【2018年】

●江戸川区「豆腐小僧」さんからのお題。「山ガールあるあるを教えてください」⬇徳井 **深呼吸を、万能のものと信じている。**

下鴨神社。地元民・福田の初詣。

（2017年1月21日放送）

［福田はお正月恒例、京都で地元の連れたちと初詣へ。］

福田　兵庫県の「ななみ」さん、14歳の方。

「私は今年初詣で、チュートリアルさんの故郷、京都の『伏見稲荷大社』に行きました。ものすごい混雑で、駅から本殿に参拝するまで30分かかりました。山の頂上の一宮までお正月からかなりハードな山登りになりました。でも綺麗な鳥居や京都の絶景を見ることができたし、ずっと行きたかったところに行けたので嬉しかったです。お二人はどこか、初詣に行かれましたか？」

徳井　はいはい、伏見稲荷はやばいやろー、人の量。

福田　そら元日は、とんでもないと思う。

徳井　とんでもないよ。八坂神社もな。俺、祇園のＣＫ　Ｃａｆｅで働いてる時、毎年お店で年越しカウントダウンイベントがあって。そのあと営業終わりで、朝方4時5時に行ってたわ。人がすごかったけどな。

福田　俺は1月2日の夕方に京都帰って、地元のメンバーと下鴨神社に初詣行って。

徳井　うんうん。

福田　下鴨神社に初詣行ったらな、本殿にお参りした後に、縁結びのお願いできるところがあるねん。そこにいつも、俺と「エナミ」と「ペー」っていう独身3人組で並ばされて、地元メンバーに、「結婚できはらへん人たち」って言われて、馬鹿にされるってくだりがあるんやけど（笑）。今年は福田はもうクリアになって、エナミとペーだけが並んで、地元メンバーに馬鹿にされるっていうノリやったわ。

徳井　（笑）。

京都御所西・ＫＢＳ京都の局内にて。謎のおばちゃんと徳井のやりとり。

（２０１７年３月18日放送）

［ＫＢＳ京都はいつだって、のどかです。というお話。］

徳井　久しぶりにＫＢＳ京都の局内に入って（東京のスタジオで収録することが多い）。今、４階のラジオ収録スタジオからお届けしてるんですけど。

福田　うん。

徳井　俺さっきエレベーターに乗って、間違えて３階押してもうてん。で、３階で降りてん。降りたら３階フロアに、知らんおばちゃんが１人でいてさ。おばちゃんはエレベーターに乗ろうとしてて。で、「いやーんっ徳井さんっ！」ってなって。

福田　はいはいはい、知り合いじゃなくてね。

徳井　知らんおばちゃんやねん。ＫＢＳって謎のおばちゃん、いっぱいおるやろ。

福田 （笑）。

徳井 パートの人みたいな。他の、普通の局にはあんまおらへん、おばちゃんいるやろ。ＫＢＳだけ（笑）。

福田 いはる（笑）。

徳井 カルチャーセンターに来たんかな、みたいなおばちゃん。

福田 いはるいはる。

徳井 エレベーター前でそういうおばちゃんに出会って、おばちゃんが「いやん」てなって、「いつもテレビで観てますぅ」って言うて。「あ、ありがとうございます」って返して。「いやーん初めて見たぁ」っておばちゃんが言うて。「あぁーありがとうございます」って返して。あれ？　俺がラジオ収録の集合時間か、集合の階を間違えたんか？　と思って、スマホでスケジュール表を見直そうとしたら、また「いやーん」って、おばちゃんが言うてはんねや（笑）。

福田 うん（笑）。

徳井 ほんなら、俺が乗って来たエレベーターが、おばちゃんが乗る前に閉まってもうたんや。「いやーん」言うてるから。

福田 あーなるほど。エレベーターは待ってくれへんからな。

徳井　「いやーん初めて見たぁ」言うてる間に、エレベーターが閉まってもうたから、コレはあかんわと思って、俺が「閉まりましたよ」って言うて、もう1回ボタンを押してあげたんよ。ボタン押して、またドアが開いたら、「いやーん優しいぃ！」って言うて。

「いやーんありがとうございますぅ。今日はテレビの出演ですかー？」

「今日はラジオなんです」

「いやぁー、優しいわぁ」

ってなことを言うてたら、またエレベーターが閉まって（笑）。

「閉まりますから！」って言うて。いやこれ、もう1回閉まるんちゃうやろな、まさかな、と思ってたら、また閉まって。

「閉まりますから、お母さん乗ってください」って言うて、「いやーん」言いながら乗っていかはって、「いやーん」言いながら下がっていかはったわ。

福田　会話の9割が「いやーん」やったな（笑）。

徳井　京都のおばちゃんはすぐ「いやん」って言うからな。

福田　うちのオカンも「いやん！　いやん！」って。

徳井　うちのオカンもよう言いよるわ。「いやん！」（笑）

福田　京都の地元帰ってきた、って感じがするなぁ。

徳井　祇園花月の出番は2か月に1回、3か月に1回くらい行ってて。祇園は京都のど真ん中やけど、KBS京都は、もうちょっと北上しますから。北上すると、僕らの地元になってくるんで、だいぶ「地元に帰ってきた感」がありますね。

福田　KBSの辺りは、「慣れ親しんだ日常」やな。

徳井　そうやなあ。相変わらずこの辺、落ち着いてて良いですね。御所があって、人通りが激しいワケでもなく。

福田　ただ、えげつない寒さやな。

徳井　寒い。寒い寒い。

徳井が家族を、祇園の料亭に連れて行ったお話。

（2018年1月27日放送）

［徳井が奮発した件。］

徳井　正月明け、実家にいて。東京帰る前に家族で「昼飯でも行こか」ってなって。
福田　はいはい。おばちゃんと妹と？
徳井　俺とおかんと、妹と、妹の子供と。
福田　親父さんは、もう仕事始まってるもんね。
徳井　そうそう。「何食いたい？」って訊いたら、妹が「懐石料理食べたい」って言うから、「ああ、わかった」って言うて、ネットで探して。
福田　下鴨茶寮やろ。ここは奮発して下鴨茶寮やろ（下鴨茶寮。創業安政3年。下鴨神社のそばにある高級料亭）。
徳井　下鴨茶寮じゃない。でも奮発してん。祇園のね、懐石料理屋さんのランチ。お店に電話して、「子供いるんですけど、大丈夫ですか？」「大丈夫ですよ」って。

福田　個室にして。1人2万円のランチをな……。
徳井　昼から！
福田　うん。新年やし。妹も子供生まれたし。
徳井　まぁぁおめでたい。お前からしたら、痛くもかゆくもないですよ。
福田　いや痛い！　痛いよ！　昼2万てさ。
徳井　まぁ、めちゃめちゃええトコよな。
福田　うん、「コースはどんな感じですか？」って訊いたら、「9000円からです」って。一番下が、すでに高いやん。ほんで「一番上は5万円のコースです」って言われて。5？？　って思って（笑）。「でも、あんまり量食べれないんで」って言うて（笑）。ほんで、2万円のコースに決まって。
徳井　うん。
福田　妹が「お兄ちゃん、今日どこ行くの？」って訊いてきて、「祇園の店やねんけど、今日のはすごいぞ」って言うて。
徳井　まぁまぁそうやな。
福田　行きのタクシーの中でも、おかんに「ちょっとなぁ、今日はええ店やで」って言うて。「えーうそやん、すごいなー楽しみやわぁ」って、おかんが言うてて。

福田　そやろなぁ。昼から祇園てなぁ。

徳井　で、お店に着いて。料理が2品、3品出てきて、「いやすごいなー」「美味しいなぁ」って。「ちょっと義実、コレ、いくらえ？　いくらのコースえ？」って、おかんが言うて。妹も「ほんまやな、なんぼのコースなん？」って言うて。そしたらおかんが「3万？」って、言いよって（笑）。

福田　先を越されたやん（笑）。

徳井　「3万」って言いよって。そしたら妹が「そんな安くないやろ」って言い出して。「3万で、きくかいな」って言いよって（笑）。あかん、これ以上いったらコイツらやばい、と思って、「2万や2万や！」って、すぐに言うて、なんとか収めたっていう。

福田　いやそら2万でもすごいけどな（笑）。

徳井　めっちゃ頑張って2万コースにしたのに、コイツら何言い出しとんねん、と。

福田　だから、それくらい料理が良かったんやろ。きっと高いと思ったんや。

徳井　そうそう。素晴らしいお店やった。

福田　いいお正月でしたね。

北稜高校裏の貯水タンクが、ついに撤去。

（2018年2月24日放送）

［変わっていくもののお話。］

福田　何通か来てますが、代表してこの方にしましょう。愛知県の「ひさこ」さん。「お二人の高校時代の思い出の、北稜高校裏の貯水タンクの撤去が決まったそうです。使われなくなって20年が経ち、とうとう処分されるそうです。青春時代の場所がなくなってしまうのは、寂しいですね」

徳井　うんうん。

福田　そうなんやぁ。僕たち北稜高校という学校に通ってたんですけども、そこから見える山があってな。神社もある山。

徳井　そうそうそう。

福田　その山の上に貯水タンクがあったんです。もう20年以上前ですけど、学校終わってからとか、時には授業を抜け出して、貯水タンクの上に上がってたんです。

そこで友達といろんな話をしたなぁ、っていう思い出の場所なんですけど。「10年後、20年後、俺らどうなってるかなぁ」みたいな話をした覚えがあります。

徳井　あれから20年経ったワケやん。

福田　そうよね。

徳井　こうですわ。

福田　こうですね。

徳井　お前は結婚し、子供ができた。

福田　うん。

徳井　俺は変わらずや。

福田　まぁまぁまぁまぁ。

徳井　変わってないよ、何にも。成長してない。

福田　まぁまぁまぁ、いろんな出会いがあって、周りの人とのつながりが、ちょっとは変わったやろ。

徳井　まあ出会いはな。あったな。

福田　うん。

左京区からボストンに引っ越した60歳男性リスナーからのメール。

（2018年3月3日放送）

［一方、もし福田が同志社大学に受かっていたら……というお話。］

福田　ラジオネーム「バース44号」さん。

「2年前に『ニューヨークで学生をしている58歳のオヤジ。その昔、京都の一乗寺下り松に住んでいた者』として、メールを読んでいただきました。先週の放送で、卒業を前にした大学生から、『残りの学生生活で何をしたらいいか』という、質問メールが来ていましたね。福田さんは留学を勧めていました。私も『海外に住んだり、旅行したり、価値観の違う人と交流する』ことに賛成です。

私はニューヨークの大学を卒業し、現在ボストンの大学院に通っています。今は60歳になりましたが、若いクラスメイトたちに囲まれて、毎日10時間勉強しています。知力・体力・記憶力の衰えはあるものの、人生経験を踏まえた要領の良さで、何とかやっています。　今さらながら思うのは、『若い時にもっと勉強しておけばよかった』ということです。その分を取り返すように、今、必死で勉強しています」

徳井　人生の先輩がそう言うってことは、そうなんやろな。年長者はみんな言うやん？「学生の時、もっと勉強しとけばよかった」って。

福田　勉強なぁ……心理学は、ちゃんと勉強したかったなぁって思ってる。心理学部、入りたかってん。

徳井　言うてたな、お前。

福田　心理学部は同志社と、追手門学院大学にしか、なかってん。で、どっちも落ちてん。

徳井　さすがにお前、同志社受かってたら、芸人になってなかったな。

福田　なってないやろな。ちゃんとしてたんちゃう？　それなりに。たぶん京都に住んで。

徳井　そやなあ。で、30くらいで結婚して。

福田　実家の近所に家買って。親の援助もあり。結婚相手は京都か滋賀の女性やろ。
徳井　そやなぁ。週に1回くらい外食しに行って。
福田　日産の車に乗ってるやろな。うちの親父が日産乗ってたから、という理由で。
徳井　エルグランドやな。
福田　エルグランド買えるかな？
徳井　いけるんちゃう？　ローンでな。
福田　バイク1台持ってな。
徳井　綺麗に乗ってな。
福田　そうそうそう（笑）。たまに走りに行って。
徳井　それも幸せやんなぁ。
福田　めちゃくちゃええ生活やと思うで。
徳井　劇的に忙しいということも、ないやろしなぁ。
福田　夏は子供を近江舞子に連れて行って。琵琶湖で泳がせて。
徳井　毎年泊まる旅館があってな。
福田　大文字山を見て。大津の花火大会行って。
徳井　俺も京都から、全然出る気なかったからな。

福田　な。

徳井　ずっと京都にいたいって思ってた。大阪にすら、行かんでええと思ってた。

福田　結果、大阪に住まなあかんようになったけど。仕事の都合上、京都から通われへんから。

徳井　「東京に行ってみたい」なんて気持ち、一切なかったな。ほんま。

福田　俺らだけじゃなく、地元で「東京行きたい」なんて言うてるヤツ、おらんかったやろ。

徳井　おらんかった。

福田　な。

徳井　京都じゃなくて、他の地方の若者やったら、「東京に行きたい気持ち」があったりするんやろなぁ。

福田　絶対あると思うな。

放送850回。新婚&ママになった徳井の妹・あっちゃんが登場。

（2018年7月14日放送）

「あっちゃんは素人さんです。」

福田　今回は放送850回記念ということで、「気になることがある」という方と、お電話がつながっております。

徳井　え？

福田　早速お話ししたいと思います。もしもーし！

あつこ　もしもしー、「キョートリアル！」850回おめでとうございます！

福田　ありがとうございます！

あつこ　徳井の妹、あつこですー。

福田　あっちゃーん！

あつこ　福田君も、お子さん誕生おめでとうございます！

福田　ありがとうございます！
あつこ　お互い子供が同い歳で、嬉しいですね。
福田　あっちゃんも、かわいらしいお子さんでー、そのあっちゃんから、言いたいことがあるようで。
あつこ　そうなんですよ、あのね、
徳井　なんでこの番組、普通に妹が出てくるねん。
あつこ　最近ね、子供が寝た後に、洗い物しながら「キョートリアル！」聴くのが楽しみになってきて。
福田　えー嬉しい嬉しい。
あつこ　先日番組聴いてたら、「米米ＣＬＵＢのＣＤを、お兄ちゃんが福田君から返してもらった」って話が出てて。
徳井　うん。
福田　そうそう。
あつこ　で、私お兄ちゃんに言わせてもらいたいんやけど。
徳井　うん。
あつこ　そもそもあのＣＤ、私のやからな？

徳井　えっ⁉　えっ⁉　えっ⁉
福田　（爆笑）。
あつこ　アレな、私が駅前の「クレモナ」でさ、割引券10枚貯めて買ったヤツやから。（「クレモナ」は修学院駅前で創業された、京都の老舗レコード店。一度閉店されたが、現在、今出川駅前で復活開店中）
徳井　えっ、嘘やろ？
あつこ　アレお兄ちゃんが私に「ちょっと貸して」って言うて、そのまま返ってきてないねん私に。
徳井　嘘やろ……マジで記憶にないねんけど。
福田　（笑）。
あつこ　お兄ちゃん昔からさ、そういうのばっかりで、私が買ったファミコンの「オバケのQ太郎」も、勝手に友達に貸したまま、返ってきてへんしさ、『オバケのQ太郎』、返してもらって」って私が言うたら、「あのソフトは雑魚や」とか言うてさ。「雑魚やから、いらん」とか言うて。
福田　雑魚ってなんやねん。そういう問題ちゃうよな、返せよ徳井。
あつこ　なんか言うたら「アレは雑魚や」とか「お前は雑魚や」とか言うて。

福田　なんでかわいい妹に「お前は雑魚や」って言うんや徳井。
徳井　そういうもんや。
あつこ　私が「スターどっきり㊙報告」の番組録画してたら、「お前、雑魚か」って言われるねんで。
福田　どういうことやねん！　人気番組やんけ徳井！
徳井　アレはリアルタイムで観てナンボのもんや！　録画するもんちゃうねん！
あつこ　お兄ちゃんの言うことが、影響力めちゃくちゃある年頃やったからさ、「あぁもう私、雑魚なんや……」ばっかり思ってたもん。
福田　かわいそうに……。
あつこ　マジ兄貴、雑魚っ！（笑）
福田　マジ兄貴雑魚っ！
徳井　お前、「大迫、半端ねぇ！」みたいな感じで言うな！　バズったらどうすんねん。CDは返す返す。
あつこ　うん、返して。
福田　あっちゃん、子供やっぱかわいい？　今、何か月になったん？
あつこ　今ね、1歳と10日。

福田　お誕生日、写真館行った？
あつこ　家で、飾りつけして撮りました。
福田　じゃあハーフバースデーもやってない？
あつこ　ハーフバースデーはやってないー。
福田　やってないんやぁ。
徳井　徳井家はな、こういう所、冷めてんねん。
あつこ　気づいたら過ぎてたから、やってない（笑）。
福田　えっ⁉
徳井　ほら。
あつこ　お食い初めも、気づいたら過ぎてたからやってない、びっくりした！（笑）
福田　えっ⁉　お食い初めもやってないのっ⁉
あつこ　忘れてたから（笑）。
福田　忘れること、ある……？
徳井　徳井家のノリは、そんなんやねん。だいたいうちの親父が「そんなしようもないこと、せんでもええわ！」って言うから。
福田　親父、雑魚やなお前（笑）。大事な儀式や！

あつこ　親父マジ雑魚っ（笑）。
徳井　だってうちの親父……俺が小3の時に、よかれと思って小遣いを貯めて、親父のために、ちっちゃい缶ビールと焼き鳥の缶詰をプレゼントしたら、「こんなもんいらん！」って、言うたからな。
福田　徳井家どうなってんねん。
徳井　そういうノリやねん。ほんで福田の子供も歳、一緒くらいか。
福田　うちはまだ7か月。昨日ようやく「ずり這い」ちゅうのを。
あつこ　ええそうなんや！　かわいい（笑）。
徳井　あつこなぁ、福田が「たまごクラブ」とか「ひよこクラブ」で、良きパパみたいな感じで仕事してるから、そういう雑誌は絶対買うなよ。
福田　なんで「買うな」言うねん！
あつこ　私、一回「キョートリアル！」に呼んでほしいねん、福田君と子育てトークしたいねん。
徳井　よそでやれや。
あつこ　福田君、お兄ちゃんと子育てトークしても、全然楽しくないやろうしさ。
徳井　なんで俺が子育てトークして、福田を楽しませなあかんねん。

あつこ 絶対したいはずやん！ テレビで子育てトークなんか、できへんしさ。

福田 そうやねん！ それこそさ、うちはハーフバースデーやったの。ちょっとした離乳食で。ケーキにカボチャのペーストで、「おめでとう」の文字書いてさ、写真撮ってんけどさ、そのハーフバースデーのことを、徳井は「なんじゃい、そのしょうもない企画は！ しょうもないことやりやがって！」って、言うてきて……。「コイツほんま、鬼か！」と思って。なんで俺はこんな子供もいない独身のヤツに、「しょうもない！ しょうもない！」って言われなあかんねん！ て。

徳井 刻みだしたらキリがないねん！ 刻んだら、クォーターバースデーもせなあかんし。

福田 確かに、ハーフバースデーの何日か後に「200日記念」ってのが来たからな、確かにキリがない（笑）。

あつこ 私、「初めて何か食べた日」をビデオに収めてんねん。「初めてブロッコリーを食べた日」とか、「にんじんを食べた日」とか。

福田 初めて食べた時の顔、めっちゃかわいいな！

あつこ かわいい！ もうめっちゃかわいい。てか基本全部かわいい。

福田　せやせや、初めて食べる時、顔がびっくりしよんねんな、その味を食べたことがないから。見てて「はー」ってなるわぁ。
あつこ　お兄ちゃん、こういう話題、横で聞いて笑うしかないから、かわいそうになる。
徳井　おいやめろ！　憐れむのだけはやめろ！
福田　かわいそうなヤツやねん。
徳井　決して憐れむな、兄を。
福田　「ハンサム芸人」とか言われて、ちやほやされてるけど、コイツかわいそうなヤツやねん。
徳井　やめろやめろ。
あつこ　うちの旦那も言うてたで。「お兄ちゃん、結婚したくないんかなー？」って。
徳井　うるさい、うるさい。
あつこ　「子供欲しくないんかなー」って、言うてはったで。
徳井　お前の旦那にも言うとけ。決して憐れむなと。
福田　あっちゃんからしたら、お兄ちゃんには、やっぱり結婚してほしいの？
あつこ　まぁ、結婚が全てじゃないと思うよ。お兄ちゃん歳いってても、どうにかなると思うし。

福田　まぁね。
徳井　…………。

宝ヶ池のコロッケ屋「クロケット」。
（2018年8月25日放送）

［今もやっててほしい。］

福田　エンディングです！
徳井　「エンディング川柳」のコーナー、行きましょう。あなたの日常を五・七・五の川柳に乗っけて、送ってもらうこのコーナー。今回は宇都宮市の「タオル」さんのヤツです。
「潰れてく　お世話になった　肉屋さん」
福田　あら。
徳井　「子供の頃からコロッケやメンチカツを買っていた、お肉屋さんが潰れて、悲しいです。スーパーのものもいいですが、やっぱりお肉屋さんの方が美味しいです」

福田　なるほどなぁ。

徳井　これ、俺も同じ……お肉屋さんじゃないけどさ、俺らの高校の通学路に、宝ケ池の陸橋あるやん。

福田　うんうん。

徳井　あの陸橋の横っちょの、下んトコにさ、「クロケット」っていうコロッケ屋さんがあったやん？　めっちゃ小っちゃいお店。

福田　あった！

徳井　あったやろ？

福田　あった。俺らが高校1、2年の頃に、できたトコやろ？

徳井　そう。俺ちょこちょこ買っててん。持ち帰りだけの、小っちゃい店舗のコロッケ屋さん。

福田　あれ、今もあるの？

徳井　いや、あれどうなったんやろ。

福田　正月帰った時、あそこら辺通った記憶あるけど、見てないわ。

徳井　おっちゃんが1人でやってはってさ。クリームコロッケが普通のコロッケより、ちょっと高くてさ。買って帰ってたなー。

福田　そういうお店がなくなるのは、さみしいなぁ。

白川通、東大路通、川端通。どれも左京区の縦の筋。

（2018年9月29日放送）

［地元民が愛する京都の道。
京都の道の名前には「通」と書き、
送り仮名の「り」を書かない風習の道があります。］

福田　東京都の「ぺっちゃん」さん。
「お二人が好きな道、通りはどこですか？　僕は深夜の青山通りが好きです」

徳井　深夜の青山通り。表参道の辺りか。

福田　かなー。

徳井　京都の道は？　京都の好きな道。

福田　それはもう、ぶっちぎりで「白川通」。

徳井　へぇー。まぁ俺らの地元の道やからな。

福田　うん。白川通は宝ケ池のところから、白川、岡崎の辺。全部好き。ずっと好きやねん。今もテレビの駅伝中継で道映るやん？　やっぱ観るもんな。

徳井　白川通、思い入れは一番強いわな。ようチャリンコで走ったなー。いろんなトコに思い出あるしな。

福田　うん、並木のイチョウがあってさ。比叡山が見えて。「天下一品」も「餃子の王将」もあって。

徳井　俺は一番好きな道は、「川端通」か、意外に「東大路通」。

福田　東大路な。

徳井　うん。俺らの地元・修学院から、南へ行く時。四条の方に行く時は、白川通を南下するか、東大路通を南下するか、川端通を南下するか、なんよな。

福田　全部、縦に平行して伸びてるから。

徳井　うん。

福田　どの道でも行けるワケや。
徳井　俺いつも東大路通、使うねん。
福田　へぇぇ。
徳井　東大路通が一番早い気がするねん。百万遍で京大生の雰囲気を見て、そっからすぐに八坂神社。
福田　あ〜うんうん、せやな。道幅も、宝（宝ケ池）の辺から広いしな。けど、みんなは川端通が好きなんかなあ？　鴨川沿いに、川面を見ながら行けるし。
徳井　京都市民の好きな道ランキングで選んだら、川端通は1位か2位に来るやろ。景色いいから。
福田　うんうん。
徳井　白川通沿いに好きな子住んでたなー。その子冬に、「雪降ったら、あたしの家の前で雪だるま作るねん」って言うてたから、俺その話を覚えてて、雪降った日に、その子の家の前で、さっむいさっむい中、待っててん。家から出てくるかと思って。
福田　う、うん。
徳井　出てけぇへんかったわ。

福田　うん。「有川さん」やろ？

徳井　そう。

福田　そのエピソード、お前が34歳の時やったっけ？

徳井　違うわ、お前。

福田　え。

徳井　そうなってきたら話が変わってくるやないかい。気持ちの悪い。中学1年生の時の話や。

福田　中1か。

徳井と福田が、「M－1グランプリ2006」決勝前夜に、話したこと。

（2018年11月17日放送）

「リスナーの人生相談にはボケることなく答える二人。」

福田　静岡の「ひーこ」さん。

「お二人さん、こんばんは。お二人は先日、『未だに、東京に住んでいるのが、信じられない時がある』とおっしゃっていました。こんなに第一線で活躍されているお二人でも、そう感じるのかと、とても意外でした。

私は昔から、東京に強い憧れがあり、大学受験、新卒就活など、節目節目でチャレンジしましたが、ことごとく失敗、上京のチャンスを逃してきました。

今は地元の静岡でWEBの仕事をしています。東京出張が増えてきたため、東京へ異動願を出しました。同僚も『大丈夫でしょ』と背中を押してくれたのですが、人事の判断は『NO』。『地方支部でのリーダーを任せたいから、東京へは出張対応を続けてくれ』とのことでした。

この仕事はとても気に入っています。会社を辞めて、上京すべきか？　30歳という歳なので、迷っています。ただ、ずっとモヤモヤを抱えたままで、刺激のない地元に居続けるのが正しいのか、それもわかりません。

京都から東京へ上京されたチュートリアルのお二人のご意見や、ご自身の上京時の心境など、お聞きしたいです。季節の変わり目ですが、お体にはお気をつけ、お過ごしくださいね」

徳井　ありがとう、ご丁寧に。
福田　30歳なら、やりたかったら東京に出てきたら？　と思うけどな。
徳井　まぁ僕らの場合は、必要に駆られて、東京に出てきたので。
福田　関西住んでて、M－1取って、自動的に吉本興業・東京所属になったからね、我々は。
徳井　うん。でも俺はもう、東京に行かへんのやったら芸人辞めようって思ってた。
福田　あぁその話、M－1の前にしてたな。
徳井　うん。そういう話、お前にしたやん？　割とシリアスめに。うめだ花月（大阪・梅田にあった、吉本興業のお笑い専門劇場）の楽屋やったかな。

福田　で、そのあとに梅田のお店で、そん時のマネージャーと、チーフマネージャーと、４人で飯食って。その話の続きをした。

徳井　「このまま関西でやっててもなー」みたいな。「ちょっと一発さ、東京行かへん？」って、お前に言うたら、お前、そんな渋い顔あるか？っていう顔で、「うーん……」って言うた。覚えてる？

福田　なんせまぁ俺はご存知、保守的な公務員一家のせがれやから（笑）。だって俺ら、関西で結構仕事あったやん。

徳井　そやねんなー。あったなぁ。

福田　関西で休みないくらい働いてて、稼いでたやん。東京にも、たまーに呼ばれてたやん。

徳井　うん。

福田　だから「関西をベースに、東京にちょこちょこ呼ばれてるうちに、東京で何か引っかかって、より大きな仕事が来るのを、待たへん？」みたいなことを、俺は言うた。

徳井　うんうん。

福田　まぁ結果、東京に出てよかったと思ってるけどね。待ってても大きい仕事は、来なかったやろうし。
徳井　このメールの「ひーこ」さんは、「東京という街自体への憧れ」があるんやろなぁ。
福田　うん。
徳井　僕らも地方出身者ですけど、俺ら全然なかったやん？　東京に対しての「憧れ」は。
福田　なかった。
徳井　一生、京都にいるもんやと思ってたからな。
福田　俺らだけじゃなく、地元で「東京行きたい」って言うてるヤツ、おらんかった。「京都がええ」って言うてるヤツばっかり。「京都には何でもある」って言うて。
福田　そうそう。
徳井　そんなことはなかってんけど。フタ開けてみたら。
福田　そうやなぁ。
徳井　俺らもともと、「大阪に行く必要もない」って言うてたからなぁ。
福田　そう、京都人は今でもそうやと思う。「この町が一番」。俺だって今も、京都帰ると居心地ええもん。

徳井 まぁ「ひーこ」さんは、静岡で仕事してるから。例えば休みをとって、何日間か東京でブラブラしてみるところからでも、いいかなぁと……。だってブラブラする機会がないとさ、「憧れ」って、どんどん膨らむけど、ちょこちょこ東京で自由にしてると、なんとなくその街のことがわかってきて。「まぁこんなもんか」って、思うかもしれへんし。

福田 うんうん。

徳井 ね……。

かつて「京都の代官山」と呼ばれた左京区・北山は、今や高級住宅街に。

（2019年3月16日放送）

［北山通といえば、京都マラソンと雑貨店イノブン。］

福田　この前さ、北山でテレビ番組のロケしたの。

徳井　うん。

福田　今、北山ってすごい高級住宅街やねんな。

徳井　え、昔のあのファッションタウンでは、なくなったん？

福田　そのイメージあるやろ？　もう全然違う。

徳井　住宅街？

福田　うん、住宅街。昔、北山にあったビームス（セレクトショップ）も、もうないし、トラコン（ファッションブランド・トランスコンチネンツ）もない。番組で、昔から北山に住んでるおばちゃんに、道案内してもらったんやけど。「北

徳井　山通はもう、地元民しか使わないですよ」って。

福田　えーあのビームス、トラコン、ベネトンの、あの通り？

徳井　そうそうそう。かつて「京都の代官山」と呼ばれたエリアも、今は地元の人が使うだけ。それよりさ、たまたま行った日がさ、京都マラソンの日やってん。めちゃくちゃすごい人やってん。

福田　京都マラソンができたのは、２０１２年からやって。めっちゃ最近やん。

徳井　ほんまやなぁ。マラソンコース、北山通に折り返し地点があって、その北山通でロケやってん。だから収録中、走ってる人の数がすごいし、観客の数もすごかってん。

福田　え、それ一般市民の大会？

徳井　そうや、市民マラソン。

福田　あ、俺、今年あれ観た。京都でやる、「全国都道府県対抗　女子駅伝」。

徳井　あの、中学生の区間あるヤツな。

福田　そうそう、おもろかった。

徳井　そう、その駅伝大会もあるし、京都マラソンもできて。で、思い返してみるとさ、昔は北山も繁華街を一歩外れれば、田んぼと畑ばっかりやったやん？

徳井　うん。

福田　地元の人に訊いたら、あそこらへんって、すぐきを作ってる畑、多かったんやって。

徳井　あぁー確かに確かに。

福田　でも今は高級住宅地になってるから、「あそこの土地ですぐき作るなんて、もったいない」って。もう畑はなくなって。

徳井　へぇー。

福田　角のイノブンは、まだあったわー。

徳井　イノブン！（イノブン北山店。北山通と下鴨中通が交わる交差点の角）あそこのイノブンで、彼女にちょっとしたプレゼント買ったなー（笑）。

福田　今もあった、よかったよ。俺も見た瞬間「おおイノブン！」ってなったわ（笑）。

徳井　クリスマス、おしゃれ雑貨買いに行ったなー。

福田　ねぇ……それでも北山は、随分変わりましたわ。

今週も幼馴染み二人で「あいつ何してる？」の話。

（2019年7月27日放送）

［街灯の少ない、京都の暗い夜の町にたたずむKBSから今夜もはんなりとお送りいたします。］

福田 7月も末で、世間の子供はもう夏休みに入ってますね。

徳井 1学期の終業式の日、嬉しかったなー。

福田 小学校の時は嬉しかったけど、俺、中学に入ると塾の夏期講習があって、憂鬱やった記憶がある。

徳井 なんかお前、ええ塾行ってたからな。

福田 俺が行ってた塾、まだあんのかな？ 洛北学園っていう塾やねんけど。

徳井 あの超エリートが行ってた塾な。

福田 そう。あの塾、入るのにテストがあってん。

徳井　あったなぁ。

福田　で、そのテスト、俺は落ちたから、入れんかったんやけど、「夏期講習は誰でも入れますよ」っていう（笑）。

徳井　あぁー（笑）。

福田　俺、夏期講習行って、1週間で円形脱毛症できたからな。

徳井　へぇぇぇ。

福田　うん。ビックリした。

徳井　まぁあの塾行ってる人ってほんまに、勉強できるヤツやったからなー。

福田　そう、俺が一番アホやったから、そのプレッシャーなのか、一瞬で円形脱毛症できた。

徳井　お前あの当時、若干頭いい人ぶってたよな。ぶってたやろ？

福田　いや俺、中学までは一応、頭ええ方やったんやで？　一応。でも、まぁ高校で崩壊したけど。

徳井　まぁね、お前「2類」やからな。

福田　うん、俺「2類」。京都の高校ではね、「1類」「2類」ってのがあって。「2類」は特進クラスみたいなもんなんです。頭いい子ばっかりのクラス。

徳井　そうそうそう。そうやお前、「2類の人」やったんやな、そういや。

福田　せやで、お前。あの時のクラスの皆さんで、お会いしてない人、元気にしてんのかなー。正月に地元帰って、新年会やってるメンバーには、会うんやけど。

徳井　うん。

福田　お前は正月以外で、地元帰ったりしてんの？

徳井　たまに帰る。

福田　会う同級生メンバーって、決まってるやん？

徳井　もうほんま、岡と大槻とセトカツ（瀬戸）くらいかな。たまにシモギュウ、ミヤさん、みたいな。

福田　正月に地元帰って、やっぱいつも瀬戸のことは話題に出るねん。ナチュラリストみたいなことになってるって。

徳井　うん、もうね、水車の……水力発電の装置を作ってはるという。

福田　瀬戸は外資系のアパレルのパタゴニアに就職して。

徳井　そうそう。京都のパタゴニアの勤務になって。当時、新風館にあった京都店。

福田　あぁ新風館や。今もパタゴニアで働いてんの？

徳井　働いてる働いてる。やっぱパタゴニアっていえば、アウトドア・ブランドやから。

福田　環境のことに熱心やもんな。
徳井　そうそう、環境の問題にも取り組んで。
福田　で、京都で綺麗な奥さんと結婚して。憧れの年上の。
徳井　憧れの。俺が憧れてたね。
福田　な。
徳井　1個上の人やね。新年会でも瀬戸……だいたい新年会は、岡の店（ハンバーガーショップ「グランドバーガー」。寺町今出川下ル）でするねんけど、瀬戸は最後、奥さんが迎えに来るねん。奥さんと子供が、車乗って迎えに来る。俺は「うわええなー」言うて。まぁみんな、大槻も岡も結婚してるやん。
福田　せやな。
徳井　で、岡の奥さんも店に来て。ミヤさんも「家族待ってるし帰るわー」言うて。
福田　うん、そらそうや。
徳井　独身はシモギュウと俺だけや。
福田　（笑）。
徳井　みんな、「帰るわー」言うから、「おー」言うて。みんなの幸せそうな背中を見送って。トボトボと帰る、シモギュウと俺。高校の時から、寸分、何も変わらず。

福田 （笑）。
徳井 セトカツん家なんか、もう幸せを絵に描いたような家庭で。
福田 おしゃれな家建ててな。京都の地元で、やりたいことをやりながら、ね。
徳井 みんなそれぞれ帰っていくねん、家族の元へ。家族が迎えに来て、「帰ろか」言うて。子供抱っこしたりなんかして。子供に「徳井のおっちゃんと写真撮ってもらい」とか言うて。「ほなねー」言うて。ポツーンと残された、独身の俺とシモギュウや。
福田 （爆笑）。
徳井 （爆笑）。
福田 結婚せえや、お前。
徳井 高校の時と一緒。
福田 もう飽きたやろ、独身。
徳井 飽きてるよ。
福田 そうやろ。
徳井 なんも変わらへんねんもん。
福田 （笑）。

徳井、芸能活動自粛を発表。全国のファンが見守る中での放送。

（2019年11月2日放送）

「徳井の税金未納問題が発覚。
芸能活動を無期限自粛することになった。
世間が大騒ぎの中、「キョートリアル！」では
福田がこの日、1人でオープニングトークを始めた。」

福田　こんばんは！　今週もはじまりました「キョートリアル！」。チュートリアルの福田です。
この「キョートリアル！」をお聴きの皆様は、もうご存知だと思いますが、わたくしの相方の徳井が、納税を怠るというとんでもないことをしでかしまして、本当にこの度は申し訳ございません。
えー、まぁ、正直僕の今の感情としましては、もう、いろいろ複雑でして。

腹立たしいっていうのもありますし、情けないっていうのもありますし、悲しいっていうのもありますし。

我々チュートリアルをずっと応援してくれてたファンの方にも、申し訳ない気持ちと、あとこのラジオを聴いてくれて、いつも楽しみにしてくれた方にはほんとに、まぁ、謝りたいんですけど、こう、まぁ、リスナーの方も、謝られてもっていう思いもあるでしょうし、なんと表現していいのかわからないような感情です。


10月26日の朝の10時半に、徳井が活動を自粛することになりまして。

僕は徳井とコンビ組んで約20年、5歳の頃から、幼稚園から一緒なんで。幼馴染みとしてあいつと知り合って約40年。まぁ確かに、子供の頃からだらしないところがいっぱいあったし、夏休みの宿題は毎回してこないし。遅れて提出してたし。レンタルビデオの延滞料金も、すごい溜め込んだりもあったし。でまぁ、これは僕もなんですけど、仕事に遅刻するなんてことも、結構ありましたし。

今までは、そんなことね、芸人なんで、面白おかしく話して笑い話にして、強く怒ることもなく、流してたみたいなところもあったんですけど。今にして思うと、ちゃんと注意をしておけばこんなことにはならなかったのかな、とか。もうね、40超えたおっさんが40超えたおっさんに、プライベートちゃんとせえよって言うのも、情けない話なんですけど。……言っときゃあ、こんなことにならへんかったのかなーって思ったりもします。

コンビってちょっと独特で。関係性が。あのー、まぁ皆様からすると、相方が一番強く言わないといけないって思うかもしれないんですけど、相方やからこそ言えなかったり、気を遣いすぎたりとか、より細かいことが訊けなかったり、注意できなかったりっていうのがあって、うん……。もっとちゃんといろんな話をしておくべきやったって、今は思います。

本人と話しましたし、LINEも毎日来てます。LINEの内容が、「ごめんな」と。「今日、大丈夫やった？ 俺いなくて、迷惑かけてない？」って。「ありがとうな」っていうLINEが、毎日来ます。正直こんな、別にあいつからそんなLINE欲しくないし……。うん、なんか、もう、ね、そんなLINE、見るのもつらいんです、こっちも。本人が反省してんのもわかってるし。後悔してんのも、わかってるんですけど。もう、やってしまったことがやってしまったことなので。世間の皆様が許してくれるか、世の中がそんなに甘くないことも、本人は重々わかってると思います。

オープニングで、重々しい空気で、こんな話はしたくないんですけど、いつも聴いてくれてるリスナーの皆さんに、だからやっぱり言っておかないといけないなと思ってこういう話をさせてもらってます。

今回たくさんのメールを、リスナーの皆様からいただきました。皮肉なもんで、今までこの番組をやってきて、一番メールが来てます。ちょっと、お名前だけでも紹介します。

マスさん、ぺっちゃんさん、びすこたいちょうさん、りんごの季節さん、ロンギヌスさん、札幌の人妻さん、てのりさん、たけぽんさん、もうその他大勢です。ほんとにたくさんのメール、厳しいご意見、お叱りの言葉、温かいメッセージ、全て目を通させていただきました。このたくさんのメールを、しっかり徳井にも届けます。あいつはこれ全部に目を通して、いろんなことを思うと思います。ありがとうございます。

この「キョートリアル！」ですが、これからも僕福田と、いろんなゲストを迎えながら続けていきたいと思います。今、９１８回ですから。１０００回、それより先を目指して頑張っていきますので、よろしくお願いします。

お二人さん、
おかえりなさい。

AM1143kHz

徳井、活動自粛から復帰。久しぶりに二人でオープニングトーク。

（2020年3月7日放送）

［活動自粛して4か月経ったこの日
徳井が「キョートリアル！」から芸能活動を再開させた。］

福田　どうも！　チュートリアルの福田です。さあ今日は、「キョートリアル！」をお聴きのリスナーの皆さんに少しお時間をいただきまして、お伝えしたいことがあります。では、お願いします。

徳井　えー皆様、ご無沙汰しております、チュートリアル徳井です。わたくしですね、去年の、税金に関する問題が発覚してからですね、4か月ちょっと自粛しておりまして、このたび、活動を再開させていただくことになりました。リスナーの皆さんからいただいたメールに、目を通させていただきました。叱咤激励、いろんなメッセージがありました。深く受け止めて考えて、今後また、

福田　この「キョートリアル！」で相方の福田さんと一緒に番組をやっていけたらなと思います。皆さん、ほんとに改めて、申し訳ありませんでした。ね。

徳井　はい。

福田　まぁ、復帰しますっていうのは言いましたけど。これがね、初仕事ですよね。

徳井　そうですね。

福田　読んだ？　リスナーの皆さんから来てるメール。

徳井　ええ。全て目を通させてもらいました。ほんとに。

福田　どういう意見が多かったの？

徳井　この番組のリスナーさんなので、ダメなことはダメですね、とは言いながらも、すごくあったかいメッセージが多くて。ほんとにもう、ありがたかったですね。

福田　番組にもねー、いろいろ来てますよ。全部の紹介はできませんけど、aちゃんさん、Nのランニングシューズさん、みきさん、だいちるさん、ことら先輩さん、夏華さん、うどん子さん、東京都ぺっちゃんさん、京都のおばちゃんさんと、ほんっとにたくさん。まぁ皆さん、あったかいメッセージが多いよ。「帰ってきてくれるのを楽しみに待ってます」みたいな。皆さん送ってくれてるのは、まだ復帰が決まってない時やから。

徳井　アホにねぇ、こんなあったかいメッセージを。

福田　アホやなぁ、お前。

徳井　ほんとに。こんなアホにねぇ、あったかいメッセージをいただいて、ありがとうございます。

福田　休んでる間は、どういう生活サイクルやったの？

徳井　年末はもう、ずーっと家におって。外に出る気にもならへんし。もう、ずーっと申し訳ないなぁーが、続くねんけど。それは今でもそうやねんけど。強烈なんが、ずーっとあるわけよ、最初。

福田　うん。

徳井　で、そのあともう、無。無？　無。ずーっと家で、何もする気にならへんっていう。お腹も減らへん。眠くもならへん。ほんまに無の状態で、ただただ起きているという時間が続いて。みたいな。

福田　ふーん。

徳井　年末くらいかなぁ、初めてやっと、音楽を聴こうかなってていう気持ちになってん。

福田　おぉー。はいはいはい。
徳井　じゃあ何を聴こうかなぁって。いろいろかけてみんねんけど、ハッピーな曲とかアップテンポな曲は聴いてて、入ってけぇへんのよ、何にも。
福田　あぁー。今の自分の気持ちに合わへんのやろなぁ。
徳井　そうそう。聴いたらあかんような気もするし、明るい曲とか。ほんで初めて、すんなり入ってきたんが、長渕さん。
福田　なるほどな。
徳井　長渕。
福田　「STAY DREAM」？
徳井　いやいや、「泣いてチンピラ」。
福田　あぁ。
徳井　で、年明けて、ジム。いい加減、体悪くするなーと思って。ほんまにもう。
福田　まぁなぁ。
徳井　午前中、近所のジムに行ってトレーニングして、近所の喫茶店に行って、帰ってくるっていう。
福田　お前さ、会見開いて、なんや言うて、自粛したやん？

徳井　うん。

福田　会見したあとにさ、（インターネットで）世の反応がいっぱいあったわけやん？辛辣やったやん。あれ、そこそこ目ぇ通した？

徳井　うん。全部、目通した。やったことに対する批判は、受け止めるしかなかったなぁ。

福田　ねぇ。ほんまに。ちゃんとしてな。

徳井　そうですね、これからはしっかり大人として、やることをちゃんとやって頑張っていきます。

番組の新たな歴史は、この人の登場で始まった。

（2020年4月11日放送）

［番組に届いた突然の手紙。
差出人は、福田が学生時代にバイトをしていた
京都のバーの店長・林さん。ここから
番組の歴史が変わる怒涛の展開が待っていることを
徳井も福田もリスナーも、まだ知らない。］

福田　「チューートリアル　あのね」のコーナーです。人は誰しも自慢したいもの。僕たちチューートリアルに、電話であなたの自慢を聞かせてください。さて、今日は？

徳井　今日はですね、えっと……。ま、いったん読みましょうかね。

福田　ん？　はい。

徳井　「おそらく忘れられていると思いますが、三十数年前、四条河原町高島屋前に、ダイニングバー『花友禅』という店があったのを、覚えていらっしゃいますか？」

福田　はいはいはい、もちろん。僕そこでバイトしてましたよ。
徳井「そこで店長をしていた、林と言います」
福田　あぁー！　はいはいはいはいはい。覚えてます。
徳井「福田君はその時は大学生で、バイトに来てくれていました。まず1つ目の自慢は、福田君と一緒に働いていた、ということです」
福田　はいはい。
徳井「調理もホールも両方任せられる福田君は、本当に頼りになりました」
福田　よう覚えてくれてはるな。
徳井「仕事終わりに2人でカウンターで、店の食べ物やビールを飲み食いしながら、朝まで話したことや、河原町で飲んで帰ったこともありましたね」
福田　あーそうそうそうそう。
徳井「ただ会社縮小のため、店舗を急遽閉める形になり、全スタッフに迷惑をかけ、路頭に迷わせたことは、今でも残念でなりません。そのあとに異動を言われましたが、私も責任を取って辞めました」
福田　あっそうなん。
徳井「それからいろいろあり、祇園で働き、お店を出しましたが、15年前に転機を迎え、今は大手の小売業の会社で働いています。病気になったりへこたれそうな時が、人生で何度もありましたが、吉本で頑張っている福田君が、いろんな場面で心の支えになり、僕も頑張ってこれました」というね。林店長から。

福田　覚えてる覚えてる。ちょび髭な、ちょいワルな感じの。遊び人っぽい、オトナな人やな～みたいな。モテそうな人やった。林さん。覚えてる覚えてる。

徳井　え、何年前や？

福田　芸人始める前やから、21ちゃうかな。

徳井　じゃあ22、23年前。

福田　うん。

徳井　この20年間、僕らもいろいろあったし、林さんもいろいろあって、福田君の頑張る姿にね、励まされたと。

福田　えぇー。

徳井　ということなんですが、この林店長に電話がつながっております。

福田　ええぇ？

徳井　もしもし。

林さん　あーもしもし。ご無沙汰しておりますー。真田広之です。

福田　うわ出た！（笑）
林さん　どうもすいません。
徳井　すごいな。
福田　こういうおっさんやってん。
徳井　そのチョイス！（笑）
福田　いやでも、ちょっと似ててん。ってかほんまにカッコよかってん。
徳井　あぁそうなんやー。林さん。
林さん　もうめちゃ緊張しますー。ありがとうございます。
福田　覚えてます、たまにみんなで林店長に、カラオケやスナックに飲みに連れてってもらったりとか。あの時、林さんいくつやったんですか？
林さん　えっとね、今年の4月で56になるんですよ。
福田　えーあの時30代？　そんな若かったんや。
林さん　福ちゃんとたぶん10くらい違うんです。
福田　そうか。なんか髭生やしてて貫禄あったから、すごい大人に思ったんすよ。
林さん　でも覚えてくれてはるのが嬉しいです。
福田　いや覚えてます覚えてます。

徳井　確かに福田君、花友禅のバイトすごい楽しいって言ってましたもん、当時も。
林さん　あぁーそうですかー。
徳井　ほんで林さん、今転職されて、小売業の会社で働かれてるということなんですけども、実はもうひとつ、自慢があると伺ってますけど。
林さん　そうなんですよ。はい。
徳井　なんですか、それは。
林さん　いいんですか？　それ言って。
徳井　はい。いいです。
福田　いいんですかって何？
林さん　まぁ僕、もう56になるんですけどね。5年ほど前なんですけど、50を目前にしてですね、何かちょっとこう、ぽっかりと穴があいたような状態になりまして。このまま歳を取っていくのかな、と人生を振り返った時にですね、そういえば10代の時に私も芸能人を目指してた時期がありまして。
福田　おぉー。
林さん　ちょうど5年ほど前に、歌手をですね、やらしていただく形になって。
福田　えぇー!?　歌手になったんですか？

林さん　京都で歌わせてもらってる感じなんですけどね、まだまだなんですけど。
徳井　ほんでお便りにこれ、芸名書いてあるんですね。
林さん　速水吉平（はやみきっぺい）と言うんですけど。
福田　速水吉平？
林さん　はい。
徳井　速水吉平名義で歌手を今やっていらっしゃると。
林さん　そうなんですよ。
福田　えぇー！　いやでも確かに、バイト終わりで生バンドのカラオケとか、よう連れて行ってくれて。歌うまかった。林さん。
林さん　そんなんよう覚えてはりますね。
福田　連れて行ってくれたでしょう？　めちゃ覚えてます。
徳井　今、歌手活動はどんな感じのことされてるんですか？
林さん　おっきい舞台に立たせてもらった時もありますし、老人ホームを回ったりとかですね。
徳井　へえー。速水さんの歌、聴いてみたいよねぇ。この番組のテーマソングも歌ってほしいもん。

福田　いやいやそこまでは。
徳井　そろそろ「キョートリアル！」のテーマソング作ろうや。
福田　いやいやいやいやいや。
林さん　いやーほんまですかー？　むちゃくちゃ嬉しいんですけど。
福田　いやいや、ほんまにほら、すぐ真に受けるから。林店長。
徳井　作ってもらおう。
福田　あれ、林さん、あの当時ってご結婚されてましたよね？
林さん　えーとですね、お恥ずかしながら、あの、わたくしあの、バツ2でして。
福田　あ、バツ2なんすか。
徳井　いい。お盛んで。
林さん　今はおひとりでございます。
福田　あ、おひとりなんや。
徳井　林さんこれを機会に、テーマソングを歌っていただくということで。
林さん　いやーもうめちゃくちゃくちゃ嬉しいんですけどそれ。
徳井　鼻歌でいいので、ワンフレーズ作ってきていただけたら。
林さん　喜んで。はい。

福田　ほんまに作ってくれんのかい。
林さん　これからも応援しております。
徳井　ありがとうございます。
福田　ありがとうございます。

林店長が、なんと。

（2020年6月13日放送）

「前回の林店長電話出演の際、徳井が「番組テーマソングを作って」とお願いしたことから、話は急展開を見せ……。」

福田　以前この番組に出演していただきました、僕が昔バイトしてた「花友禅」という居酒屋の、林店長。

徳井　はい。

福田　今は速水吉平さんっていう芸名で、歌手活動をされてるんですけど。その速水さん、林店長……元・林店長に、テーマ曲を作ってくださいよーって、お前が言うて。

徳井　はい。

福田　実際なんと、ほんまにテーマ曲を作っていただいたみたいです。

徳井　ほう。

福田　で、楽曲を送ってくれたんですって。お便りを紹介しますね。
徳井　はい。
福田　「ラジオで話の上がったテーマ曲、作成いたしました。チュートリアルのお二人のパワーと京都をイメージしてアレンジしました。曲調はロック演歌（お祭り風）。フルコーラス出来上がっています」
徳井　フルコーラス出来てんのや（笑）。
福田　「一応3パターン作りました」
徳井　めちゃめちゃ送ってくれてるやん（笑）。
福田　「完全オリジナルで、リリースもしてない曲なんで、著作権などのご心配はないです」
徳井　うわ。いたれりつくせりやん。
福田　じゃあ聴いてみます？
徳井　聴いてみよう。
福田　『心都情夜』（みやこじょうや）っていうタイトルです」
（♪流れる）
福田　歌詞はまだないんやね。曲調はたかじんさん系だ。これは。

徳井　俺今ピーン！ってきてんけど。
福田　何が？
徳井　福田側の知り合いの林店長。たかじんさんが好きな林店長。で、たかじんさんっぽい曲を作ってくれてるわけや。
福田　うん。
徳井　そこで俺の元相方の辻野。あのＹｏｕＴｕｂｅ「かめおかチャンネル」（現『かめおか・京都チャンネル』）でお馴染みの。
福田　馴染みないで。
徳井　ＹｏｕＴｕｂｅの登録者数１８０人しかいない「かめおかチャンネル」の辻野も、たかじんさん大好きで。あいつずーっとカラオケで歌ってて。歌うまい。
福田　うまいなぁ。
徳井　この歌を辻野にも歌ってもらって、エンディング曲にしようか。
福田　林店長だけでええやないか。林店長のほうが歌うまいねんから。
徳井　林店長はプロやから。プロが全部やっちゃうと、ほらやっぱな、何かちょっと違うやん。

いよいよ「キョートリアル！」のエンディングテーマソングが完成。

（2020年7月11日放送）

［林店長と辻野が歌います、「心都情夜」です。どうぞ。］

福田　さあ、そんな中。「心都情夜」。

徳井　番組として盛り上げるために、速水吉平さんだけやなくて、辻野にも歌わへんか、って振ってみたら「マジで？　ありがとう！」って言うて（笑）。

福田　なんで？　なんで二つ返事やねん。

徳井　「やるやるー！」って言って。

福田　辻野やなぁ～。変わらんなぁ～。

徳井　ほなやりましょーっていうことになって、こないだレコーディング風景の写真が送られてきて。グラサンをかけてレコーディングする辻野の。

福田　まぁだからもう気持ちから、たかじんさんになってんのやろな。

徳井　そやねん。辻野がグラサンで歌うスタイルっていうのは、高校の頃にみんなでカラオケボックス行ってた頃から、変わってないのよ。
福田　変な奴やんな、あいつ。
徳井　で！　レコーディングしたその曲が、今日できていると。
福田　はいはいはいはい。
徳井　聴けるんですって。
福田　では「心都情夜」です。どうぞ。

『心都情夜』

惨めなほど真っ逆さまに
堕ちてゆく祇園の陽よ
明日の行方をなけなしの
夢と意気地で探るのさ

男の道は棘や獣
矢羽行き交う修羅舞台

今　振り返るなよ　振り返るなよ
無常の闇を行け

徳井　という。
福田　決定やこれは。
徳井　って言うか、ひっさびさに辻野の歌聴いた。高校時代よりピッチが安定してる。
福田　いやうまいな、辻野。
徳井　せやろ。
福田　うまいうまい。全然うまい。聴いてられるわ。これもう決まりやな。
徳井　歌詞の内容ね、吉平さんがなんとなく我々二人に、リンクさせて書いてくださってるのかなぁ、これ。
福田　これはもう手応えしか感じひんな。
徳井　紅白ちゃう。これ。
福田　来たな、辻野と吉平さんの「心都情夜」。俺ら応援やな。
徳井　そやな。
福田　今日からエンディング、「心都情夜」。
徳井　はい。
福田　流れますんで。よろしくお願いしまぁす。

祝・放送1000回の生放送を振り返って。

（2021年6月19日放送）

「記念すべき1000回目は
KBS京都のラジオブースから生放送を行った徳井と福田。
その時の様子を振り返ります。」

福田　先日の第1000回は生放送やったんですけども。

徳井　はいはい。

福田　KBS京都に、久しぶりに行かせてもらって。

徳井　生ねぇ。まぁ結局バタバタで、何も内容のある話、できひんかったけど。

福田　それでも、一瞬でもツイッターのトレンドに入ったみたいやし。

徳井　あれはすごいよ。

福田　なぁ。あとはまぁ、「キョートリアル！」をお聴きのリスナーの方やったら知ってると思いますけど、この番組、いつも留守電から始まるんですけど、その留守電の電話の実物を、放送が終わってから社会見学させてもらったんよな。

徳井　ねぇ。「この電話ですー」ゆうてね。
福田　うん。
徳井　まさかね……。スタジオの脇の、なんか機材とかいっぱい置いてある所の一角の、引き出しの中に、埃かぶって、電話がありましたからね。
福田　もう誰も触ってないんやろな。
徳井　そうやろなぁ。
福田　「キョートリアル！」の留守番電話専用って言うてたから。「他、誰も使ってません」ってＫＢＳの人が言うてたから。
徳井　ねぇ。俺らはほんまに毎回、今でも留守電を入れてるやんか。
福田　うん。あれガチで入れてるもんね。
徳井　ねぇ。「留守番電話サービスです」って、今ないやん？　あれ、10代の人が聴いたら、「なんなんやろー」「昔はそういうのがあったんかなー」みたいな、感じなのかな。
福田　この番組が始まったんが約20年前やからさ。当時はそれが普通やったけど。
徳井　うんうん。
福田　なぁ。

徳井　また生放送やりたいですねぇ。

福田　そやなー。でも久しぶりにＫＢＳ京都に行って、22時からの生放送やったやん？

徳井　うん。

福田　だから21時くらいに行ったやん？　改めて思ったけど、ＫＢＳ京都の辺り、暗いなぁーー！

徳井　暗い。

福田　真っ暗やなぁー。

徳井　暗い田舎に、ぼやっとＫＢＳがあって。入口入って受付に警備員のおじさんが１人立ってて、逆に怖かったもんな。「人いるーー！」って思って（笑）。

福田　まぁ入り待ち、出待ちはゼロやったけど、メールとかね、ツイッターではたくさんの「おめでとうございます」が来てたから。

徳井　放送１０００回が近づくにつれて、「実はずーっと聴いてました」とか、言うてくれる人がいて。サイレントリスナーたちがやっと声をあげてくれて。

福田　ありがたいですねぇ。

徳井　ありがたいです、ほんとに。

現在この番組は、どういう場所で収録しているのかといいますと。

（2021年10月9日放送）

「普段は会議室で録音しています（何という低予算番組）そんな中、この日はKBS京都のラジオブースで収録です。なぜなら……。」

徳井　長年聴いてるリスナーの皆さんはね、「あれ？　この空気感いつもと違うやんけ」って、早々に気づいていらっしゃると思いますけどもね。そうです。今回、KBSのブースからお送りしております。

福田　はい。

徳井　いやもう、ちゃんとした静寂というか。最近はいつもね、KBS京都東京支社の、銀座のビルでね。

福田　そうそう東京支社で。

徳井　普通の会議室でやってますから、防音も何もないですからね。

福田　遠くに電車の音、近くに鳩。

徳井　鳩。

福田　鳩の存在感。

徳井　あとカラスの声ね。

福田　うん。いつ飛び降りてもおかしくないくらいの窓の広さね。

徳井　はい。

福田　今回は京都のＫＢＳ京都からお送りします。というのも。

徳井　はい。

福田　長らく勤めてくれたＤ（ディレクター）のＮが、なんとね、今回が最後ということで。

徳井　ええ。

福田　次から新しいＤがＯ（ディレクター）になるということで。最後、Ｎのラストはいつもの東京支社ではなく、京都のＫＢＳ京都で収録しようと。

徳井　今回京都で、ＫＢＳからお送りしてますけど、俺前日大阪で仕事やったので、昨日実家に泊まったんですよ。

福田　はいはい。

徳井　実家に泊まって、姪っ子にも会えるし、みたいな。

福田　うん。姪っ子、まだ4歳になってない？

徳井　4歳になった。最近は俺になついてくれて。さっきもね、妹に車で送ってもろたんよ。姪っ子も一緒に来てな。俺はKBSの前の信号で降りて。

福田　うん。

徳井　姪っ子が車の窓から、ずーーーっと、手振ってる。

福田　へぇー（笑）。

徳井　俺、じぃじぃちゃんって呼ばれてるから。「じぃじぃちゃあーん、じぃじぃちゃあーーーーん」って、俺もう戦争行くんかゆうくらい手振られて。俺も何回も何回も振り返って「ばいばーい」ってゆって。俺が信号渡ってKBSの敷地に入っても、まだギリギリ車が見えてるわけよ。で、「わーばいばーい」つって、手振ってるところを、ちょうどタクシーでやってきたうちの現場マネージャーに見られるっていう。すごい恥ずかしかったけども。

福田　ええやん。ついになついてくれて。

徳井　ついになついたね。で、昨日実家で食材を買いにね、修学院の駅のな、踏切んとこの。八百民に行っててん。

福田　え、八百民まだある？

徳井　まだあんねん。

福田　チェーン店っぽい、おっきめのスーパーもあるやろ？

徳井　うん。フレスコな。

福田　あそうそうフレスコ、フレスコ。

徳井　フレスコは24時間やねんて。

福田　え24時間なん？

徳井　うん。ほんでまぁ、八百民行ったのよ。八百民なんか、もうめちゃくちゃ久しぶりに来るなー思て。ゆうに20年ぶりやなと思いながら。ほんで買い物してたら、レジの女性の方が「あれー徳井さんですねー」て言って。「あ、どうもー」って俺も言うて。「あのー、徳井さんところのおじいちゃんが、しょっちゅう来てくれてはったんですよー」って言って。

福田　へー。

徳井　で、「おじいちゃんが徳井さんの写真を見せて、『うちの孫やー』って、言っておられたんですよ」って。スーパーのレジで。八百民で。

福田　迷惑やなぁ（笑）。

徳井　レジでさんざん喋りたおして、買ったものを忘れて帰んねんて（笑）。「私たちのアイドルみたいになってて。みんなおじいちゃんが大好きやって。でも最近来られてないから、元気にしてはるかなーって言うてたんですー」って言って。で、俺が「あのー、おじいちゃん春に亡くなりまして」って言ったら「ええー！」ってなって。

福田　まぁ、そうなるやろなぁ。

徳井　「やーでももう99で、ほんま大往生で」って言って。うちの家族も知らんかってん、じいちゃんがそこの八百民に行ってたこと。なんかね、じいちゃんの足取りをね、ちょっと知れたような。

福田　うんうん。

新しいディレクターは、24歳。

（2021年10月16日放送）

「新ディレクターはKBS京都に入社したての男子社員です。徳井・福田とは20歳差。」

福田　今回の放送は第1020回ということで。今回からD卓に座っているのが、新しいD（ディレクター）のOです。

徳井　はい。24歳。DのO。

福田　年齢、我々の約半分ですよ。

徳井　またこれ、DのOがね、いわゆるジャニーズ系の顔というか、可愛い顔してんのよねー。

福田　いやほんまに。

徳井　出身は伏見だそうです。大学は龍谷。

福田　そんな地元の京都っ子がKBS京都でこうやって、番組をやってくれるということで。

徳井　ねぇ。趣味は紅茶にハマってるって。かぁー！

福田　洒落てる。（前任ディレクターの）Nと全然違うなあ。

徳井と福田、47歳の春。

（2022年3月19日放送）

［徳井も福田も、四捨五入したら50歳です。］

福田　3月19日ですね。もうそろそろ桜が咲くかな。今年早いとか言ってたから。
徳井　わぁー。
福田　実家の地元のひいらぎ公園で、ちょっとだけ咲いてる桜もきれかったなー。
徳井　そやねんな。桜の名所みたいなところもいいけど、家の近所に立派な桜が一本だけあるとか、そんなんでもぜんぜんいいしな。
福田　桜見て嬉しそうにしてる人とか、桜の写真を必死に撮ってる人を見て、なんかこっちも嬉しくならへん？
徳井　なるなる。そして私、誕生日が4月やから。もういっこ歳取るわけですよ。
福田　47っていよいよもう、50やもんな。
徳井　うん。20代の頃は劇場で必死にネタ作って、とにかくおもろいネタを作ることが最優先、それさえやっときゃええくらいの感覚でやってて。で、30代になって、まああ東京のテレビとかに出させてもろうて。社交的にして、友達増やすとかせなあかんなーって思いながら、スタッフさんに頼ることも、あえてしていって。自分で全部やろうとせん方がええな、と思いながらやってきてんけど。40後半になってきて、もう逆に、もう閉ざしていったろかな、と。

福田　うん。

徳井　俺のYouTubeはそれの最たるもんやけど。閉ざしてるからさ。今度はこう、閉ざすフェーズに入ってきたんかなっていう気もするねんな。

福田　その瞬間瞬間に思った方向に動いていっていいと思う。

徳井　うん。

福田　昔はさ、10年後の自分のプランを立てるとか、考えたけど、もうさ、こんなに世の中が激変してたらさ、プランもへったくれもないかなというかさ。

徳井　そうね。

福田　何か動いたことが、うまくいかへんってなってもさ、しゃあないかって。もう。年齢的にも。時代的にも。

徳井　うんうん。そやなぁー。

radikoがなかった時代のお話。

（2022年8月13日放送）

［その町にいるから、そのラジオ放送が聴けた。
そんな時代のリスナーのお話です。］

徳井　続きましてラジオネーム「生麩田楽」さん。「私は京都の大学に進学し、4年間京都で一人暮らしをしました。京都で過ごした最後の夜の話です。私は京都に来て、『キョートリアル！』に出会い、4年間ほぼ欠かさずに楽しみにしていました。卒業後は地元富山に帰ることになり、radikoなんて便利なものがなかった当時、京都を離れるということは、『キョートリアル！』と別れるということでした」

福田　そんなに、このラジオを大層に捉えてくれてたんや。

徳井　京都を離れるイコール、「キョートリアル！」と別れるということでした。

福田　そんな人いたん？　嘘やろ。

徳井　いるのよ、生麩田楽さんが。
福田　マジか……。
徳井　「京都生活が残り3か月となった2011年1月。福田さんが膵炎でお休みされることになりました」
福田　はいはいはい。
徳井　あそっか、あれ2011年やったんや。
福田　そうそうそう。
徳井　「福田さんがようやく3月に復帰される、と喜んでいたら、3月12日は、東日本大震災の影響で、放送がありませんでした」
福田　震災は11日やったもんね。
徳井　「もうこのままお二人のラジオの掛け合いを聴けずに、『キョートリアル！』とお別れすることになるのではないか、と不安になりました。そして3月19日土曜日。京都で過ごす最後の夜」
福田　ほう。
徳井　「祈る思いで22時を迎えました。福田さんの『ただいま戻りました』、徳井さんの『おかえりなさい』、というういつもの掛け合いが聴こえてきました。その時、私の京都生活が終わったような気がしました」

福田　いやいやいやいやいやいやいや。ちょっと待って。荷が重いわ。我々は。

徳井　福田が戻り、この人が京都を去るという。

福田　いやいや俺が押し出したみたいになってるやんけ。

徳井　「私は翌日、地元に帰りました。あの時の放送のＭＤは、10年以上経った今も持っています」。……はー。

福田　絶対今聴かんといてな。「あれ？　あんなに大事にしてたヤツ、え、こんなんやったっけ？」ってなるから（笑）。

徳井　アハハハハ。

福田　うん。

徳井　ＭＤ。ＭＤ？　あん時、もうＭＤってあんま使ってなかった気がする。でも、わりとこの人はＭＤ。

福田　俺側ちゃう？　アナログ側の人やったんちゃう？

徳井　うん。

福田　ねぇ。２０１１年。もう11年前ですか……。

同級生のYouTubeチャンネル「かめおかチャンネル」に徳井出演。

（2022年10月22日放送）

［同級生・辻野が制作するYouTubeチャンネルに出演のため、徳井は京都府亀岡市に行ってきたそうです。］

留守番電話・応答メッセージ音声

《「キョートリアル！」留守番メッセージサービスです。メッセージをどうぞ》

徳井　どうも徳井です。えー久々に亀岡に行ってきました。

徳井　いやね、この番組のエンディングテーマにもなってる「心都情夜」、W店長が歌ってますけども、そのW店長メンバーの1人、俺の同級生の元相方、辻野君がね、YouTubeで「かめおかチャンネル」をやってるんですよね。皆さんご存知「かめおかチャンネル」。

福田　まぁこのラジオ聴いてる人は知ってるかもな。何回かゆうてるから。

徳井　はい。で、以前から「いつか出てくれよ」って辻野に言われてて。「全然ええよー」つって、俺のYouTubeチャンネルとコラボみたいなことで、俺も亀岡行って、動画撮って、みたいなことにしようかーって言ってて。もう、2年前からそれをゆうてて。

福田　なかなかスケジュール合わへんかったんやなぁ。

徳井　そう。それでついにこないだ亀岡に行ってきて。「かめおかチャンネル」と「徳井video」コラボですよ。「かめおかチャンネル」現在登録者数916人という、1000人が目前になってまして。

福田　すごいやん辻野。一般のただのおっさんが。頑張ってるやん。

徳井　そうやねん。もうチャンネルを2年以上やってんのかな。いや、なかなか続かへんねん、そんなんて。

福田　わかる。登録者数が伸びひんかったらもう、テンション下がるしな。やる気が失せるもんね。

徳井　そやねん。でも辻野はブレずにずっと、亀岡を皆さんに紹介したいってゆうて、亀岡のいろんなお店の紹介をして。

福田　地方創生やで。

徳井　地方創生よ、「かめおかチャンネル」。それで俺亀岡、久しぶりに行ったのよ。ほんならＪＲの亀岡駅も全然変わってて。新しくなって。駅の真横はあれやねん、亀岡スタジアム（正式にはサンガスタジアム ｂｙ 京セラ）？　京都サンガＦ．Ｃの本拠地がどかーんとあって。とはいえ駅前は、すっごい栄えてるって感じではないんやけど。

福田　何したん、辻野と。

徳井　いやもう、まず辻野がはりきって。いろんなとこにアポ取ってて。

福田　そら紹介したいわな。こんなとこありますっていう。亀岡のええとこ。

徳井　そやねん。で、まず最初、昼ごはんのシーン撮り。渓山閣に行こうゆうて。

福田　あー京都亀岡渓山閣。

徳井　そう！

福田　我々京都人はみんな知ってるもんな。昔ＣＭやってたから。

徳井　そうなんですよ。渓山閣もちゃんと辻野がアポ取ってて。女将さんが出迎えてくれはって。そこで一番ええ部屋、ＶＩＰルームみたいなとこでごはん食べます、ゆうて。辻野はそこで食事のシーンも撮って。

福田　え、辻野だけ？　スタッフさんみたいな、撮影してくれる誰かいないの？
徳井　あ、だから辻野と源ちゃんや。
福田　それ知らんねん、俺。
徳井　同級生の源ちゃんやん。西院で店やってんねんけど。
福田　なんか聞いたような気もするなぁ。
徳井　いつも辻野と源ちゃん。辻野が喋って、カメラは源ちゃん。あと「かめおかチャンネル」はついに、ＡＤさんができまして。
福田　マジで？
徳井　女性ＡＤが。辻野の奥さん。
福田　あ、そういうことか（笑）。
徳井　で、次移動しよーゆうて、夢コスモス園。亀岡、コスモス園があんねんな。毎年10月の１か月間は８００万本のコスモスが咲き乱れると。
福田　へー。それ知らんなぁ。
徳井　辻野すごかったよ、辻野ほんま亀岡で顔広いなぁーっていう。
福田　だって渓山閣でロケやらしてもらうって、それだけでもすごいなって思うよ。
徳井　やっぱあいつの社交性の高さじゃない？　コスモス園なんか、園長さんもすごい友達やったしなぁ。

福田 うんうん。

徳井 あとその日、亀岡のこども新聞が取材に来ててん。

福田 子供が取材に来てんの？ 小学生？

徳井 小学生。男の子が3、4人来てたなぁ。辻野の「かめおかチャンネル」を取材したいって言って、来てはってん。

福田 それで、たまたまお前がいた。

徳井 たまたま俺がいた。だからもしかしたらこども新聞に、俺も載ってるかもしれへん（笑）。

同級生たちの地元フェス
同級生たちとの夜。

（2022年11月12日放送）

［京都にて、同級生たちと絡む徳井と福田
昔の面影があるおじさん、面影がないおじさん。］

留守番電話・応答メッセージ音声
《「キョートリアル！」留守番メッセージサービスです。メッセージをどうぞ》

福田　福田でーす。いやー、懐かしかったですが、ちょっと緊張もしましたね。

福田　この間、祇園花月の出番の合間にね、地元の連れが協力してる、「グリーンスカイフェス」っていう、梅小路七条の梅小路公園イベントに、徳井と二人でお邪魔してきまして。

徳井　うんうん。

福田　漫才をやらしていただいたんですけど。テントが控室で、そこに、中学の時とか小中一緒やったメンバー、高校一緒やったメンバーが、結構集まってくれて。

徳井　なぁー。懐かしかったなぁ。しかも随分会ってない、20年以上会ってない地元の連れな。

福田　お前、（入り時間）ちょっと早めに行ってたやん？

徳井　うん。

福田　俺は普通の入り時間に入って。で、「テントこっちです」って案内されて。通常の営業とちゃうから、（吉本の）社員さんがついてくるとかでもないし。アテンドがないっていう。

徳井　ないよね。友達が友達呼んだだけやったから。

福田　「あぁこちらですー、徳井さんもう入ってますよー」みたいな。テントをぱって見たら、滝西はわかってんけど、あと、ようわからんおっさんにお前、取り囲まれてて（笑）。

徳井　わからへんやろ。

福田　ぜんっぜんわからんくてさ。「なんや異様やな、この光景」と思ったら、全員、「あぁーお前かお前か」みたいな。

徳井　ほぼ小学校から知ってるヤツやったから。
福田　そうそう。
徳井　いやびっくりしたよ、俺も最初。ハヤっちゃんと滝西はすぐわかってん。
福田　俺はハヤっちゃんわからへんかった、最初。
徳井　あ、ほんま？
福田　うん。滝西は全然変わってへん。
徳井　変わらんよなぁ。俺、ハヤっちゃんとはちょこちょこLINEしてたから、久しぶりって感じがしてなかって。滝西は中学卒業して以来、一回どっかのクラブで会ったらしいねんけど、それくらいやって。他の人は知らん人やなって思いながら……ハヤっちゃんの知り合いのおっさんなんかなー？って思いながら喋ってたら、「おい、相馬相馬」って言われて、「うわぁ、相馬かーい！」ってなって、「うわ、ほんまや、相馬やーん」みたいな。
福田　俺、相馬に一番びっくりした。「え？　相馬なん？」みたいな。
徳井　相馬がもうさー、大人やから。
福田　面影なくなってない？　あの頃の相馬と今の相馬がリンクせえへんくてさ。
徳井　そうそう。でも喋り方ってやっぱみんな、変わらへんな。「うわぁー相馬の喋り方やー」って思って。

福田　一緒一緒。ほんま一緒。

徳井　あと、奥ちゃん。「うわ、奥ちゃん！」っていう。ほんで「あの、柳原・弟です」って言って、「あぁー！」っていう（笑）。

福田　そうそう（笑）。

徳井　めっちゃくちゃ懐かしかったなぁ。あつんども来てな。

福田　そう、あつんど。

徳井　あつんどは変わってなかったな。全然。

福田　あつんどこそ、おかしなくらい全く一緒やったな。高校の時から老けててん。まぁ冷静に考えたら、もう47やん全員。だから話聞いたら、やっぱみんな人生いろいろあるわ。

徳井　いろいろあるわね、そら。

福田　楽しかったな。「え？　あいつと今付き合うてんの？」みたいな。

徳井　そうそうそう。

福田　で、「あの子まだかわいいの？」とか。

徳井　そうそうそう。結局そんな話になるな、47になっても。

福田　なる。
徳井　「あいつに会いたいわぁ」とか。
福田　「あいつかわいいから、俺、実は結構好きやってん」みたいな。
徳井　「確かにわかるわー」つって。
福田　「実は俺あいつとちょっとゴチョゴチョあってん」って。「お前マジかー！」みたいな（笑）。
徳井　「あいつエロかったもんなぁ」って（笑）。
福田　で、お前結局あの夜、キモのとこ行ったんやろ？
徳井　そう、そのフェス終わりで、祇園花月の出番がもう一回あって、それ終わりで、キモが木屋町でバーやってるから。ん、キモは北稜高校ちゃうやんな？
福田　キモは違う。俺、小学校低学年の時、キモとめっちゃ仲よかってん。毎日家行ってたもん。
徳井　なぁ。
福田　うん。そろばん塾行く手前のとこ。
徳井　キモなんて俺もう、小学校卒業してから会うてない感じやったから。でも雰囲気、昔のキモのまんま。

福田　なんかな、小学校の低学年の時、俺めっちゃ仲よかってんけど、中学になって、なんか知らんけど全く喋らへんようになって。なんかあったやん、そういうの。

徳井　そういうのあるな、子供ってな。

福田　それで疎遠になって。なんか、むしろちょっと避けるというかさ。で、俺も向こうも、友達のグループちょっと変わってさ。

徳井　あるな。

福田　だからほんまに会ってないねんけど……あのまま？

徳井　まんま。俺も小学校の時に、キモと同じクラスやってん。みんなで遊んでたなぁーって。で、バーに行って、カウンターの中にキモがいて。「うわキモ！」って呼んで。キモってさ、テンションずっと低いやん？

福田　低い低い。

徳井　ロートーンの人やん。カウンターで、「おう」みたいな感じで。だから俺は勝手にキモ、キモと思ってるけど、そんな「キモ！」って、あだ名で呼ぶ間柄じゃなかったんかなー？　と思って。

福田　わかるわかる。

徳井　俺失礼をぶっこいてんのかなーとか、木村君って呼んだ方がよかったっけなーみたいな、わからんようになるよね。

福田　わかる。俺はキモじゃなくて、小学校低学年でキムチって呼んでてん。

徳井　キムチな。あぁ。

福田　だからキモとキムチって、同一人物かな？って思って。お前が「キモのとこ行くねん」って言うた時、「え、キモってだから、キムチ？　それってテンション低い、メガネかけてたヤツやろ？　子供の時」って。

徳井　そう。何考えてるかようわからん人。

福田　わからんわからん。

徳井　不思議な人やったな。

福田　バーなんか社交性求められるお店やのに、大丈夫なんか？

徳井　そやなぁ。でもやっぱり独特なキモの面白さがあるやん。

福田　うん、面白い人やってん。

徳井　だからお客さん、来るんちゃう？　その夜はハヤっちゃんとハヤっちゃんの兄貴も来て。

福田　ハヤっちゃんの兄貴な。ハヤっちゃんの兄貴って、うちの兄貴と同い歳やったんかなー。ハヤっちゃん、修小（修学院小学校）の門出て、隣の家に住んでたから、「ええなぁ、こんな家、遅刻ないし」って思ってた。

徳井　いやでも当時、学校の目の前に住んでる人の苦しみも、いろいろ聞いたよ。「あぁそれ結構、しんどかったんやなぁ」って。

福田　今にして思うと、絶対嫌やったやろなってわかる。みんなが「林君の家こここー」って知っててんのやもん。

徳井　まぁ、あの日は懐かしかったなぁー。

福田　イベントもほんとに盛り上がって。

徳井　ちゃんとしたおっきいイベントで。来年もたぶんやるんやろな。「グリーンスカイフェス」。

福田　ねえ、皆さんも機会がありましたら是非行ってみてください。

亀岡のこども新聞に徳井が載りました。

（2022年12月3日放送）

［今の子供たちは、徳井のことをどう思っているのでしょう。］

福田　滋賀県の「カルボナーラトマト」さんですね。「徳井さんが行かれた『かめおかチャンネル』のYouTube観ました。さて、その時に取材されたという、『かめおか子ども新聞』の件です。『かめおか子ども新聞』のFacebookにアップされていました。『チュートリアルって何？　徳井さんって誰？』という見出しで、内容としては、『僕はテレビを観ないから、チュートリアルも知らないいし、徳井さんも知らない。でもカッコよくて優しそうな人だった。大人の世界は知らないことが多いな』という締めくくりでした。やはり今の子供たちはテレビを観ない世代なのだなぁと感じた一方で、徳井さんの、亀岡での伸び代はまだまだあるなと思いました」

徳井　なんなん。亀岡での伸び代。
福田　もっと認知度上げていけるよと。亀岡では。まだまだ認知度低いからっていう。
徳井　（Ｆａｃｅｂｏｏｋを見て）あぁほんまや、写真載ってるやん。
福田　「チュートリアルって何？　徳井さんて誰？」っていう。「亀岡にＹｏｕＴｕｂｅｒがいます。『かめおか・京都チャンネル』っていうマッサージ屋さんの店長さんです。辻野さんは『こらん こらん』をやっている辻野さんです。めっちゃ面白いことを言います。芸人みたいな人やなって思ってたら、本当に元芸人でした。チュートリアルというお笑いコンビがいて、徳井さんという人の初代相方が辻野さんです。『チュートリアルに取材したの、めっちゃすごいやん』ってお母さんが言ってました。でもチュートリアルって誰なんか知らんし、徳井さんって言われても知らない人でした。皆さんは徳井さんを知っていますか？　この前亀岡のコスモス園に来て、亀岡のロケをしていました。市役所に来ていたので実際に会いました。言われてみたら、見たことあるかもしれないです」
徳井　アハハハハハ。見たことあるかねー？
福田　「徳井さんと辻野さん、今日覚えたいと思います」

徳井　アハハハ。わー。覚えてくれるかな（笑）。

福田　子供やから新鮮やな。

徳井　あの子らが文章書いたんやな。

福田　かわいらしいやん。正直に「知りませんでした」っていう。

徳井　そら知ってるはずないわな。

福田　「今日覚えました」じゃないねん、「今日覚えたいと思います」やねん。アハハハハ。覚えてない可能性があるからな。これは。

徳井　知ってるはずないもんな。知るところがないもんな、まずな。

福田　うん。これをきっかけにして、もしかしたら我々のことに興味持って、テレビ観てくれるようになるかもしれんし。

徳井　俺らが子供の頃さ、（テレビ観てて）親に「この人知らんの？」って言われて、「知らんなぁー」みたいな感じあったやんか。それなんやな。

福田　ベテラン俳優とか知らんかったもん、子供の頃。

徳井　親とか、じいちゃんばあちゃんとか、なんやゆうたら、すぐもう「鶴田浩二が」って。「鶴田浩二が」。言うてたやろ？

福田　言うてた言うてた。

徳井　だから鶴田浩二さんの名前は知ってたけど、鶴田浩二さんが演技をしてるところとか、作品は見たことないやんか。
福田　そやなぁ。

徳井が受けた、27年越しのオファー。
（2022年12月31日放送）

「20年目の大晦日放送。徳井が27年来の友人と京都で飲んだ話。」

留守番電話・応答メッセージ音声
《「キョートリアル！」留守番メッセージサービスです。メッセージをどうぞ》
徳井　どうも徳井です。時が経つねえ〜。
徳井　またね、時の流れを感じたというか。この年末に来てね、旧友と会いまして。福田も知ってる河本、いるやん？　俺が昔一緒に住んでた。

福田　あー知ってる知ってる。

徳井　一緒にバイトしてたヤツ。

福田　はいはいはい覚えてるよ。

徳井　そう。僕がハタチの時。京都の、今の祇園花月が入ってるビルの一番上の階に、CK Cafeっていう、おっきいクラブがあって。そこでバイトしてる時に出会った、河本。

福田　何個下やったっけ。

徳井　2個下。河本がね、とある仕事を俺に振ってきたのよ。

福田　まさかお前、闇営業ちゃうやろなー？

徳井　いやいやいや違う。違う違う。

福田　お前……もうあかんぞ、お前。

徳井　いや俺はそっちじゃないねん。俺はそれはしてないねん。

福田　(笑)。

徳井　ハタチの時に、クラブのバイトで朝まで働いて、トイレのゲロ掃除を一緒にやって、そっから仲良うなって、一緒に住んで。

福田　芸人になってからも毎年夏、河本と一緒に和歌山に遊びに行ってたもんな。

徳井　そうそう。兄弟みたいに仲良くしてて。もちろん今でも繋がってるし、年に1、2回会う感じで。で、久々こないだ会うてんけど。

福田　うん。

徳井　河本が、ある仕事を振ってきてくれて。その連絡があって。「こういうお仕事をちょっとやってもらおうと思うねんけどー」って言って。「いや、それは嬉しいねんけど、まぁ今俺、もろもろあって。俺を使うと、そっちに迷惑かかるかもしれへんから、やめといたら？」って、俺、本気で言うたのよ。「ありがたいねんけど、やめといた方が絶対いい」って。河本、今会社の社長なのよ。

福田　あーそうなんや。

徳井　そう。で、その会社のお仕事を振ってきてくれてん。「いや、やめといた方がいい、俺に関わらん方がええんちゃうか」って言って。言ってんけど、河本は「いやちゃうねん」と。ハタチの頃一緒におって、その時大学生で。俺ら二人とも将来が何も見えてなくて。河本も留年するかなんかで。俺ら二人ともアホやからさ、就職もたいしてできへんかなーとか、不安を抱えてたのよ。で、そんな折に俺が芸人として、ちょこちょこ名前が出るようになって、河本としては、すごい焦りがあって。

福田　あぁなるほどね。

徳井　俺もなんとかせなあかんって。

福田　せやな。歳いったらまぁ、手放しで応援する気持ちになるけど、若いとな、やっぱりどうしても、「自分は何してんのやろ」ってなるもんな。

徳井　そうそう。なんかすごい焦りとか負い目があったみたいで。で、「なんとか必死に頑張って、会社を持つようになって、自分の会社が大きくなったら、徳井と一緒に仕事をしよう」っていうのが、目標やってんて。「それで頑張ってこれたんや」つって。「だからこの仕事は受けてほしい」みたいな。「批判があっても全然いい」って言って。「あ、そうか。だったらじゃあやるわ」みたいなことで。二人でお酒を飲んで。で、この二日酔いやねんけど。

福田　あーそうなんや。

徳井　そうそうそう。だからなんか、時の流れってすごいなぁーと思ってさ。

福田　まぁ、そやなぁ。

徳井　27年前ですよ、出会ったのが。何もなかった兄ちゃん二人が。あいつ会社ちゃんと持ってさ。すごいなーと思って。家族もいるし。

福田　その受ける仕事はいつ、なんの？

徳井　まぁ来年のうちのどっかだと思うんですけど、発表してもいいようになったら、またね、お知らせいたしますけれども。

福田　何系の会社なん？

徳井　人材派遣の会社。

福田　へぇー。

徳井　はい。っていう。そんな年末でございます。

京都
リアルな
聖地巡礼

徳井と福田が
生まれ育った京都の町。
20年が経った今も
あの頃の面影が残っている。
トークに出てきた思い出の地や
おすすめスポットを
巡ってみた。

no.1

新京極商店街

京都市中京区、三条通から四条通までを南北に走る商店街。新京極商店街は若者向けだったり、目新しいお店があることから、徳井も福田もかつて学生時代、彼女のプレゼントだったり、服を買いに訪れた。

登場回◉京都左京区のラブホテル・ベルシャトウ北白川。徳井の初体験？ の思い出。（2003年10月2日放送）／徳井と福田の大学浪人・予備校時代。（2004年11月18日放送）

no.2

祇園会館
（よしもと祇園花月）

八坂神社の向かいに建つ、年季の入った大きな建物、祇園会館。かつてこのビルの4階に、徳井がバイトをしていた大型クラブ「CK Cafe」があった。時代は変わり、今は吉本興業の劇場、よしもと祇園花月が入っている。この祇園会館の前の歩道を、レンタル着物を着て歩く観光客と、地元民が毎日交錯する。

登場回◉よしもと祇園花月、オープン。（2011年6月18日放送）

no.3

モトスペースT2

京都市北区紫竹下高才町の、閑静な住宅街の一角にあるバイクショップ。福田が若手時代、御用達にしていたお店。数々のバイクレースのレーシングメカニック経験を持つ谷店長が経営している。一時期、このお店が「キョートリアル！」の番組スポンサーを務めてくれていた。

登場回◉京都のバイク屋・モトスペースT2谷店長のお話。（2004年6月10日放送）

no.4

錦市場

京都の住人も観光客も、江戸時代から今日に至るまで、みんなが訪れる「京の台所」。京野菜、琵琶湖の川魚、鱧、湯葉、生麸など、京料理に欠かせない旬の食材を売るお店が連なり、中にはその場で食べさせてくれるお店もある。コロナ自粛が終わり、また活気が戻ってきた。

登場回◉京都旅行者に、京都の観光場所を紹介するなら、どこ？（2005年6月2日放送）

広沢池

昔の人はお月見といえば、右京区にあるこの池に集まった。時を経ても変わらない、嵯峨野の山々の美しい景色。自然が残るエリアであり、太秦が近いことから、このあたりは時代劇のロケ地としても使われる。

登場回◉千本今出川、嵯峨野「広沢池」。徳井が幼少時代を過ごした借家の話。一方、修学院の公務員一家のお坊ちゃん・福田。（2008年11月1日放送）

no.6

狸谷山不動院

左京区、一乗寺下り松の前の道を上がっていくと、たどり着く。自動車の交通安全祈願のために、車で参拝する人が多い。そのため駐車場が広く、駐車場からは京都の街並みが見渡せる。徳井は若手時代、よく彼女とここにドライブに来た。

登場回◉詩仙堂。八大神社。狸谷山不動院。地元民のお正月、初詣。（2009年1月3日放送）

no.7

グリル宝

左京区住民に「美味しいお店は？」と尋ねたら、皆必ずこのお店を挙げる。地下鉄烏丸線の終点・国際会館駅で下車し、同志社中高のグランドが左右を挟む路地を北に歩けば、右手に見えてくる。メニュー、全部うまい。チュートの二人のおすすめはチキンカツ。

登場回◉岩倉の洋食屋・グリル宝。（2009年4月11日放送）

no.8

ヤサカタクシー

ヤサカタクシーの社員は、なんと2022年の京都検定、団体戦グランプリ。京都の車道を見れば、必ずこのえんじ色に三つ葉マークのタクシーが走っている。また、上賀茂神社式年遷宮を記念して「二葉タクシー」も運行中。こちらも限定2台のレアなタクシーだ。

登場回◉京都ヤサカタクシー。乗ると幸せになれる？ 四つ葉のクローバー号。（2012年2月25日放送）

一乗寺下り松

宮本武蔵と吉岡一門の決闘の地。現在では住宅街の中に記念碑（記念碑の横に植えられている松は5代目）が建てられ、当時の古木の「松」は、八大神社の本殿西側に、御神木として大切に祀られている。

登場回◉左京区・一乗寺下り松「やるじゃんボーイ事件」。（2015年2月14日放送）

no.10

新福菜館

京都に帰ったときに徳井が訪れた府中医大前にある新福菜館。京都各所はもちろん、東京にも支店がある。新福菜館の有名なメニューは黒い焼き飯。

登場回◉新福菜館のラーメン（2015年7月25日放送）

ＫＢＳ京都

夏は暑く、冬は極寒。この建物こそ、我らが京都放送本社社屋。最近の「キョートリアル！」イベントは、この社屋の一階にある「ＫＢＳホール」で行われている。最寄駅は、地下鉄烏丸線・丸太町駅。

登場回◉京都御所西・ＫＢＳ京都の局内にて。謎のおばちゃんと徳井のやりとり。（2017年3月18日放送）

no.12

クロケット

左京区、叡山電鉄叡山本線の線路脇にある、宝ヶ池駅近くのコロッケ屋さん。お弁当もある。カード不可、電子マネー不可。徳井少年は学校帰りにここでコロッケを買い食いした。

登場回◉宝ヶ池のコロッケ屋「クロケット」(2018年8月25日放送)

no.13

イノブン北山店

京都の人は「イノブンさん」と呼ぶ。つまり尊敬している。京都市内にいくつも店舗があるが、この北山店の、町にとけ込む建物の佇まい、店内の雰囲気は最高。冬の寒い日、イノブンさんの店内でおしゃれ雑貨に囲まれながら暖をとるのが、北山民の至福。

登場回◉かつて「京都の代官山」と呼ばれた左京区・北山は、今や高級住宅街に。(2019年3月16日放送)

no.14

グランドバーガー

徳井とは中学からの友達の岡さんが経営する、寺町今出川の住宅街の中に佇むバーガー店。ジューシー肉厚ハンバーガーを召し上がれ。ここでテイクアウトして、京都御所や鴨川でランチするのが今出川民、出町柳民の休日の楽しみ。

登場回◉京都府立北稜高校OBたちの、地元民トーク。(2011年2月26日放送)

no.15

修学院駅

現在の修学院駅。学生も社会人も、地元民は皆この駅から叡山電車に乗って、南へ下り、京都市内に向かう。叡山本線で北へ向かえば比叡山へ。鞍馬線に乗れば、貴船、鞍馬へ。四季折々、車窓から見える景色はなにものにも代え難い。

登場回◉今週も幼馴染み二人で「あいつ何してる?」の話。(2019年7月27日放送)

歴代Dの思い出ベスト3

ご長寿番組だけに放送開始から20年で5人のディレクターが就任。その時代時代の二人に関わってきたDたちが振り返ります。

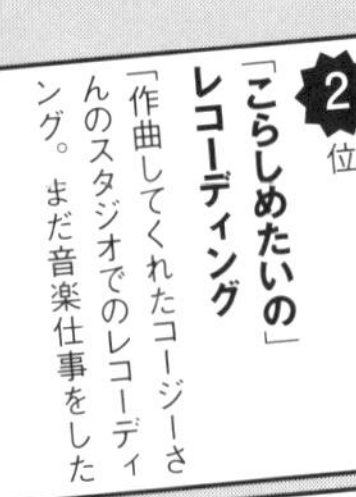

担当期間
2002年4月4日〜
2006年7月15日
初代 I

1位 「キョートリアル！」のタイトルが決まった瞬間

「隣のスタジオで仁鶴師匠が収録しているのを見た徳井さんが、『師匠、今日録り（とり）あるんや……』とポツリ。その瞬間、これしかない番組タイトルが生まれました」

2位 「こらしめたいの」レコーディング

「作曲してくれたコージーさんのスタジオでのレコーディング。まだ音楽仕事をした

担当期間
2006年7月22日〜
2009年5月30日
2代目 N

1位 M-1優勝の夜

「M-1優勝、直後に深夜のスタジオで3人だけで収録しました。ガラス越しに、喜びを噛みしめている二人と時間を共有できたのは私の人生の中でも、飛び切りの思い出です」

2位 お詫びのカレー

「二人は多忙を極めていて、遅刻が始まった時期でした。ある日福田さんが寝坊して、そのお詫びにということで徳井さんにスタジオ近くのおいしいカレーをおごっていただきました。今となってはいい思い出です」

担当期間
2009年6月6日〜
2016年5月7日
3代目 O

1位 ふくちゃんので・き・る・か・な

「かなりのデジタル音痴だった福田さん。僕のiPhoneを使って番組HPを開くというチャレンジをしてもらったのですが……。ボイスメモに〝キョートリアル〟と吹き込む、地図でKBS京都を目指す等、珍プレーの連続で笑い泣きしました」

2位 療養中の福田さんから

「膵炎でお休みされていた時のこと。リスナーさんから

担当期間
2016年5月14日〜
2021年10月9日
4代目 N

1位 放送1000回記念イベント

「いろいろ乗り越えて実現した1000回記念イベント。有志で集まっていただいたリスナーオーケストラの皆様の演奏と『心都情夜』の歌を聞いてグッとくるものがありました。番組1000回の重みを感じると共に、リスナーだった番組のこの瞬間にDとして担当できたことは最高の思い出です」

▶CDジャケットには心都情夜を歌うW店長。右・速水吉平さん（＝林店長）と左・辻野店長（＝徳井の高校時代の相方・辻野康司さん）。

担当期間
2021年10月16日〜
5代目 O

1位 お寿司屋さんで10貫だけ注文するとしたら？

「2022年11月5日の放送で繰り広げられた、お寿司10貫、注文する順番を発表する回です。やりとりが漫才のようで面白いのはもちろんですが、二人の人間性が垣間見え、個人的にお気に入りの回です」

▶順位はこちら。徳井：①鯵②ハマチ③中トロ④イカ⑤うに⑥芽ネギ⑦車海老⑧いくら⑨大トロ⑩煮穴子。福田：①鉄火巻き②イカ③ヒラメ④漬けマグロ⑤〆鯖⑥煮蛤⑦車海老⑧中トロ⑨煮穴子⑩いくら。

ことがなく、新鮮に楽しんでいる二人が印象的でした」

▶番組内のコーナー「徳井トランス診療所」が「プロジェクトT」となり、そこから生まれた楽曲。リスナーから日ごろムカついていることなどを募り、それを二人が脚色した詞をコージーさんがトランス調に作曲。アーティスト名はチュートトランス。

3位 アバンティリアル公開収録

「アバンティ前の広場が人でいっぱい。若手芸人から売れっ子芸人へチュートリアルが階段を登ったのを実感した瞬間でした」

▶当時の番組HPには徳井・福田の謝罪ブログがちらほら。

3位 短命コーナー

「私が担当していた時代は、ノリで考えた短命のコーナーが多かったと記憶しています。今だから言えますが、告知だけして放送しなかったコーナーもあります。この場を借りて、応募いただいた皆様に謝罪したいと思います」

励ましメールがたくさん届き、連絡取るのは気が引けたのですが、せめてと思いメールの束を写真に撮り福田さんに送りました」

▶療養中もブログ投稿をしていた。写真は入院1週間目の福田。「退屈やけど髭を剃る気にならねーなー」

3位 優しいメール

「東京収録で新幹線に乗ろうと京都駅に着いたところで忘れ物に気付きました。急いで戻りつつ謝罪のメールを送ると徳井さんからすぐ返信が。『全然大丈夫です！気を付けてきてください』その優しさに救われました」

2位 徳井さん復帰の日

「徳井さんがお休みの時、福田さんと助っ人芸人さんで徳井さんが帰ってくるまで一丸となって番組を続けました。復帰の日の緊張感、そしてラジオブースに2人が並ぶ姿を見た時の安心感は忘れません。あの景色はずっと変わりませんように」

3位 福田さんとのおしゃべり

「些細な事ですが……番組収録前、打ち合わせもそこそこに、定期的に福田さんと韓国ドラマの話で盛り上がっていました。徳井さんが遠い目をして話が終わるのを待っていました。早く収録を始めず、すみませんでした」

2位 徳井さんが収録に遅刻する回

「過去の音源やウィキペディア上でしか知らなかった出来事を体験できて少し嬉しかったです。なにより、福田さんの一人しゃべりが頼もしかったです」

▶2023年3月25日放送。

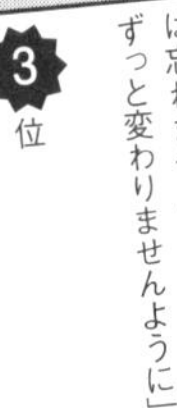

3位 物議を醸した那須恵一公式グッズのキャップデザイン

「私が描いた〝おなす〟のデザインが採用されたことです」

▶番組のコーナー「那須恵一のサウンドクルーズ」でおなじみ、シンガーソングライター・那須恵一さんのツアー公式グッズ。キャップの中央に刺しゅうされた「おなす」。

ラジオリスナーから寄せられた 僕たちのキョートリアル！メッセージ

「この本の出版を記念して、番組でメッセージを募集しました。」

のんびりとした中に笑いのエッセンスがある、チュートリアルの面白さを知る、教科書のようなラジオ番組です。（まるっち）

「おかえリスナー」はまさに私です。中学生の時、受験勉強をしながら入りにくい電波をラジカセで必死に合わせて雑音の向こうの二人の声を聞いていました。

　大人になり、radikoで聴いてみると、留守電のコーナー、オープニングの音楽、週刊リアル情報局のジングル、番組ホームページ、何も変わってなくてびっくりしました（笑）。一週間の仕事、子育ての疲れに笑えて最高です！（あかね）

私が聴き始めたのは20代後半、人生のどん底の時期でした。心を許せる人もおらず、辛く苦しい日々の中、何気なく送ったメールにチュートリアルのお二人がとても共感してくださいました。「こんな自分でも肯定してくれる人がいるんだ」と、ものすごく力になり、強く生きることができました。お二人への感謝の気持ちは言葉だけでは表現しきれません。

　いつでも人生の節目に寄り添ってくれる「キョートリアル！」は私の心の拠り所です。（きむた）

何でもない普通の会話が落ち着く、まるで実家のようなラジオです。長年聴いていると、クラスメイトの名前もわかってくるので、学生時代のお話の時はお二人と同級生になった気分で聴いてみたりして。いつまでも変わらず、あたたかい場所であり続けて欲しいです！（いがまる）

夫と私はどちらもラジオ好きで、共通して好きな番組が「キョートリアル！」です。毎週、夫婦の間で「ねえ、『キョートリアル！』聴いた？」から始まる会話が続きますように。（ピーナツバタコ）

私にとって「エモい実家」です。お二人の若手時代のお話を伺うと一瞬で青春が蘇るエモさ。実家のように癒され、落ち着く空気。それが私にとっての「キョートリアル！」です。（桃色アイシャドウ）

僕にとってキョートリアル！は、「体の一部」になってます。「人の体は食べたもので作られている」と言いますが、「僕の体はキョートリアル！でできている」といっても過言ではないほど、生活の一部に溶け込んでいます。食事や睡眠のように、生きていく上で必要なものになっています。（のえりあむ）

僕たち夫婦が付き合うキッカケになったのは、番組の公開収録に僕が奥さんを誘い、お互いチュートリアルのファンということが発覚し、意気投合したことからでした。

　その夏には結婚し、1年後には娘も産まれたのですが、娘の誕生日は偶然にも徳井さんの誕生日と同じだったということがのちにわかり、「キョートリアル婚だね」と今でも話しています。

　僕たちは今、トルコに住んでいます。この遠く離れた国からでも毎週欠かさず聴いており、お二人の何気ない会話を引き続き楽しませていただいてます。

高校生の頃からずっと応援していたチュートリアルが、今でも現役で活躍され、時代が流れても、世界のどこにいても、こうして変わらず楽しませてもらえていること。不思議だなぁと思うとともに感慨深く、スタッフの皆さん含めてとても感謝しております。これからも10年、20年、ずっと番組が続くことを心より祈っております。（とれぜげ）

●私にとって「キョートリアル！」とは、ずっとあるものです。今27歳ですが、中学生のころから聞いていいます。当時はまだradikoなんてなかったので、夜中に（大阪では深夜放送でした）ラジオで必死にダイヤルを合わせていました。懐かしいです。受験、就職、転職などいろいろありましたが、ずっと変わらないキョートリアル！に毎週元気をもらっていました。

もう人生の半分以上聴いているので、私は、ほぼ「キョートリアル！」といっても過言ではないです!!（みき）

●私が聴き始めたのは中学生の頃です。その時好きだったコーナーは「わくわく風雲徳井城」です。それから社会人になるまでブランクの時期もありましたが、今は結婚して家事をしながら再び聴くようになりました。

昔も今も変わらず良い意味でゆるい空気感の「キョートリアル！」が大好きです。（ベティ）

●私にとっての「キョートリアル！」は、学生の頃に戻ったような気持ちになれるラジオです。

お二人の同級生や学生時代の先生方のお話を聞いてクスッとしてしまうたびに、「なんだか教室の中で、隣の席の男子の会話をこっそり聞いてるみたいだな……」と、いつもとても不思議な気分になります。それは、幼馴染み二人で創り上げてきた番組だからこその空気感なんだろうなと思います。（赤とまと）

●大学の課題ついでに、ながら聴きするにはちょうどいいかもと思い、聴き始めました。その後、なんとお二人が私の通う大学の学園祭に来られたのです！　いつも声ばかり聴いていたお二人を初めて生で拝見して「ラジオと同じ声だ！」と、いたく感動したのを覚えています。

あれから19年。それなりに山あり谷ありな人生を送ってきたので、正直ラジオを聴けなかったときもありました。それでもお二人が変わらず落ち着いた声で番組を続けていたので、心の余裕ができた今、また、ながら聴きをすることができています。（ヨメックス）

●私にとっての「キョートリアル！」は、少し年上のイケてる親戚のお兄ちゃん達の会話を隣で聴くような、少し甘酸っぱい味わいの番組です。

私が10代前半でお二人が20代後半の頃に聴き始めたからというのもあるのかもしれませんが、「同じ京都生まれの面白くかっこいいお兄ちゃんたちからは、この街やこの世界で起こる日々の断片がこんな風に見えているんだ！」と小さく感動したような、そんな感覚を覚えます。そしてそれは、お二人が年齢を重ね、活動の拠点を東京に移された今でも変わりません。

あの京都のお兄ちゃんたちは、より広い世界へと旅立って、私には想像もつかないようなものに触れ、様々なことを感じてこられたのだと思います。それを「あの時のあれがさぁ……」とお二人がこの番組でお話しするとき、帰省した親戚のお兄ちゃんたちの会話を隣で聞くような、そんな感覚を覚えます。

40代も後半に差し掛かられたお二人は、世間ではおじさんと呼ばれるのかもしれません。それでも、お二人はわたしにとって今でも憧れのイケてるお兄ちゃんで、「ああ、やっぱり二人は今でも素敵だな」と、京都から発信されるこの番組で思わされるのです。（明るい生活）

●生まれ育った京都を離れて23年。お二人の京都のエピソードにいつもほっこりします。今は両親も他界して実家はなくなりましたが、私にとっての「キョートリアル！」は京都の実家へ帰った時のようにホッと安心する、私の心地良い居場所になっています。これからも楽しい番組を届けてください。（ピノ子）

お二人さん、こんばんは！ 私にとって「キョートリアル！」は、なくてはならない生活の一部ですね。毎週聴かなきゃ落ち着かない。昔はラジカセでキョートリアルを聴いて、カセットにダビングして集めてました。今、我が家には昔の番組を録音したカセットがいっぱいあります。（アフリカツメガエル）

私が初めて聴いたのは、2006年1月。当時、M-1でブラマヨに優勝をさらわれ、5位でした。次の年のM-1の前夜、ラジオからお二人を戦場に送り出した、最後の静かな夜はいい思い出です。

完全優勝を成し遂げて、あっという間に東京に進出して遠くにいってしまったけど、この番組だけはずっと続いてました。いいことばかりでなかったけど、続けていて本当に良かったですね。

私自身は、当時、子供たちは3人とも小学生でしたが、3人とも結婚。今は、ばーばをやっています。ぜひ2000回を目指してください！（夏華）

音楽なしでお二人の会話だけの1時間。ファンとしては贅沢なラジオだと思います。また採用されるように、これからもネタを集めたいと思います。（あっこ）

僕は中学の時にこの番組を聴いて以来、10年以上ラジオとは無縁の生活を送っていたのですが、ラジオがまだ続いてることを知り、その後、大喜利コーナーで読まれたことがキッカケでハガキを送るようになりました。それからNSCに入学して作家コースに転入したのですが、現在はケアマネージャーの資格の取得を目指しながら介護の仕事をしています。

「キョートリアル！」でハガキを読まれていなかったら、こういう人生歩んでいなかったと思うので、僕にとってはなくてはならない番組です。（キモショウ）

10年以上前のコーナーなのですが、全国の街をお二人に紹介するというコーナーがありました。僕は学生時代住んでいた福岡市の雑餉隈（ざっしょのくま）を紹介し、徳井さんは「ざっしょのくま？？」と不思議ビックリな感じで読んでくれました。（ゴンベエ）

谷店長でお馴染み、モトスペースT2に通うきっかけになったのは紛れもなく「キョートリアル！」でした。福田さんの番組ブログにも一言いただきとても嬉しかったです。（リターンライダー）

まだradikoと出会う前、兵庫に住んでいる私にとって、KBS京都さんの電波を拾う事はなかなか大変でした。仕事から帰る途中、わざわざ電波の入る亀岡を経由して帰ったものです。あの頃、亀岡の田んぼしかない場所に車を止め、綺麗な星空を見ながらラジオを聴きました。とても素敵な思い出です。（高島平に日が沈む）

2006年M-1で観たチリンチリンのネタで一気にチュートリアルの事が好きになり、単独公演やルミネに行きました。ですが、神奈川県に住んでいるためラジオを聴くことは諦めていました。ようやくradikoでお二人のやり取りを聴くことができ、感動しました。

私にとっての「キョートリアル！」歴は始まったばかりですので、二人には長く番組を続けていただきたいと思います。（もうきり）

1000回記念の番組イベントで『心都情夜』を演奏させていただいたことは本当にいい思い出です。コロナ真っ只中ではありましたが、イベントの開催ができたこと、700人あまりのリスナーの前で演奏できたこと、すべてが思い出です！（ちぇりい）

長年続くラジオなので、以前も聞いたお話をされることもありますが、「この話は高校の時聞いたことあるなぁ」「あの頃は部活ばっかりしてたな」「彼氏と別れたばっかでさみしかったなぁ」など、思い出すスイッチを入れてくれます。

私にとっての「キョートリアル！」とは、記憶の引き出しだなぁと感じます。（めい）

私にとって「キョートリアル！」は五条通の思い出です。当時、初心者なのに叔父から譲り受けたマークⅡを運転して、週末に京都に住む彼氏の家までよく通いました。

その帰り道はいつも「キョートリアル！」の時間で「あぁ、また1週間会えへんな」とか、いろいろ考えつつラジオを聴きながら走っていました。

今でもあの時の車内の匂いとか五条通の風景とか恋愛のドキドキとかそういうのを懐かしく思い出します。（がね）

私の思い出は、エロいい話を取り上げてもらえたことですね。なかなか性の悩みは投稿しても読まれにくいと思っていました。しかもソープランドのお姉さんとの話など、スルーされるかと……。それが、二人とも共感していただき、感動しました。

歌のリクエストがあるわけでも、かわいい女の子がアシスタントにいるわけでもないのに、二人の雑談が面白くて、今日まで飽きることなく聴き続けています。（フクフクフッキー）

久しぶりに会った地元の連れとの時間のように、ラジオの1時間が安心感に包まれて過ぎていく。それが「キョートリアル！」なのかなって思います。（ベランダから夕日）

コロナ禍で仕事が休業になり、やることがなかった僕は「キョートリアル！」を聴きながら毎日のように散歩してました。何気ないお二人の会話から学ぶことがとてもありました。その時間がとても有意義に感じ、それ以降、散歩が趣味になってしまいました。

僕にとっての「キョートリアル！」は日常であり癒しです。（ケニ男）

初めて番組にメールを送ったのは高校生でした。仕事で京都を離れ、また戻ってきて久々に聴いた時はエロ早口言葉コーナーが盛り上がってました。「『キョートリアル！』が呼んでいる！」そう感じた私は、高校生の時のようにひたすらエロ早口言葉を送りました。何かお笑いをやってみたいと思った私は、YouTube「新喜劇大好き夫婦です！」というチャンネルを始めました。それがなんと、徳井さんが「この前、面白い動画見てん」と、番組で紹介してくれたのです。

チャンネル登録1000人超えたら番組に報告するつもりが、徳井さんが気づいてくれて、本当に感動しました。おかげさまで、チャンネル登録1000人を達成し、夫婦で漫才も披露しています。これからも頑張ります！（ロンギヌス）

学生時代に毎週楽しみに聴いていました。高校卒業後に就職してからは忙しくなり、ラジオから離れてしまってましたが、今は私も主婦となり、転勤先の鹿児島から楽しく聴いています。

15年前にメールを採用されたときにいただいたステッカーは、小学生の時にもらったオール巨人師匠のサインと共にリビングの目立つ場所に飾ってあります。（さくちゃん）

私がラジオを聴くようになったのは大学1回生の春からです。

当時は慣れない一人暮らしで寂しい思いをしていたのですが、ある日京都でお二人がラジオをやられていることを知り、実家から持ち込んだラジカセで聴き始めたのがきっかけです。そのおかげで一人暮らしの寂しさも紛れ、そして番組を聴いているうちにお二人の大ファンにもなりました。

実家に帰り、就職をした今でも「キョートリアル！」だけは毎週欠かさず聴いています。（アズサ）

4年ぶりにメールを読まれた時、一緒に聞いていた妻に、「よかったやん。こんな感じで送ってたんや」と言われ、元カノとのメールを読まれたような恥ずかしさを感じつつも、自分にとって「キョートリアル！」は大事な思い出になってたんだと、エモーい気分に浸ることができました。（ちくぜんぬ）

※コメントは原文から一部編集しています。

お二人さん、また来週。

AM1143kHz

編集後記

「キョートリアルがある町」

北條俊正
（ディレクター・作家）

2002年の春、チュートリアルはKBS京都ラジオで番組「キョートリアル！」をスタートさせた。子供の頃から病的にラジオオタクの僕はもちろんチェックしていた。

僕より1歳下のその漫才コンビさんは、女子にきゃーきゃー言われながら、「せやねん！」（MBS毎日放送）で子供たちとロケをしたり、関西のみんなに愛されて、キラキラしていた。

でも彼らは「キョートリアル！」ではなんだか、等身大だった。全国制覇を目指す若者というより、「京都やっぱやばい、京都が一番幸せな町」と、地元の魅力を伝えようとしていた。そこに、僕は惹かれた。

僕が初めてKBS京都でドラマのディレクターを担当させてもらったのが、2005年。同局の番組である「キョートリアル！」を、より身近に感じていた。その年末、彼らは3年ぶり2度目の「M-1グランプリ」決勝の舞台に挑み、5位に終わった。他人事じゃなく絶望した。

翌年、彼らはついに「M-1」をとる。「キョートリアル！」に届く、リスナーの皆からのおめでとうメッセージを聴きながら、僕も泣いた。あの感情は一生忘れない。チュートだけじゃなく、人間みんな、おぼつかない時期もあるけど、人生は変えていけるのだと思えた。

僕らの町のチュートはその後、全国区になっていく。

ただし「キョートリアル！」だけは、世界線が違っていた。全国制覇をはたしたはずの彼らが、このラジオでは京都市左京区の二人のまま、時に徳井妹あっちゃん、時に北稜高校同窓生たちと共に、20年間、休むことなく放送し続けた。（20年間で放送休止になったのは、東日本大震災の報道特別番組に切り替わった、2011年3月12日の一度だけ）

20年前も今も「キョートリアル！」は、まるで地元のパン屋みたいなもんだろう。地元のパン屋のパンが毎週食べたくなるように、京都人なら毎週千枚漬けが欠かせないように、僕らには毎週、「キョートリアル！」が必要だ。

放送1000回。放送20周年。
地元の連れたち、リスナーたちと共に暮らしながら、50歳目前のおじさんになったチュートリアルの世界は、今週も、放送の中にある。

本書では、その世界の軌跡をなんとか文字に残せないかと、試行錯誤した。

STAFF

写真撮影・編者 北條俊正
デザイン 森田 直(FROG KING STUDIO)
カバーイラスト Shiho So (highlights Inc.)
制作 [本著を共に作った、徳井・福田の仲間達]
リスナーの皆様、歴代の番組Dの皆様、
モトスペース T2、
地元の同窓生様、徳井家の皆様、
福田家の皆様、
歴代のマネージメント
DTP ヴァーミリオン
編集 馬場麻子(吉本興業)
営業 島津友彦(株式会社ワニブックス)

協力 KBS 京都ラジオ

キョートリアル!
自伝的チュートリアル

2023年6月6日 第1刷発行

発行者 藤原 寛
編集人 新井 治
発行 ヨシモトブックス
〒160-0022
東京都新宿区新宿5-18-21
TEL:03-3209-8291
発売 株式会社ワニブックス
〒150-8482
東京都渋谷区恵比寿4-4-9
えびす大黒ビル
TEL:03-5449-2711
印刷・製本 シナノ書籍印刷株式会社

ISBN 978-4-8470-7310-6
C0095

※本書は当時の番組音源をもとに制作したものです。
リスナーの情報等、実際の内容と異なる場合がございます。